와인과 소믈리에

와인과 소믈리에

양조부터 서빙까지 섭렵한
진정한 전문가의 와인 실무가이드

소믈리에 김준철 지음

책미래

머리말

88 올림픽 이후부터 국내에서 와인에 대한 관심이 증가하고 와인의 소비가 꾸준히 늘고 있다. 우리나라가 아직 대중화되었다고 보기는 와인이 어려우나 와인 애호가들이 늘어나고 특히 젊은 층과 여성들을 중심으로 와인의 소비가 증가하고 있어서 와인 관련 사업들도 증가할 것으로 전망된다. 이에 따라서 와인을 취급하는 레스토랑이나 와인바 등의 업소에서 일할 소믈리에들도 많이 필요하게 될 것이다.

이 책은 저자가 프랑스 CAFA에서 정규 소믈리에 과정을 공부하면서 배우고 실습한 것을 위주로 기술하였고, 또 국내에서 와인바를 운영하고 소믈리에로 일하면서 경험한 것 등과 소믈리에가 꼭 가져야 할 소양 등을 기술하였다.

소믈리에가 공부해야 할 이론 부분은 와인의 개론(와인의 역사, 포도의 재배와 와인의 양조), 와인의 각론(세계 각국의 와인), 소믈리에 실무(소믈리에 업무와 와인과 요리의 매치)이고, 실기 부분은 와인의 시음과 와인의 서빙으로 구분할 수 있다. 와인의 개론과 각론 또 와인의 시음 부분은 와인 애호가들도 알고 있는 일반적인 사항이다. 소믈리에가 되기를 원하는 분들은 이 부분을 당연히 공부해야 하고 추가해서 소믈리에 실무와 서빙을 공부를 해야 한다.

일반적인 사항까지 모두 취급하면 내용이 너무 방대하게 되므로 이 책에서는 주로 소믈리에가 해야 할 일을 중심으로 다루었다. 다만 일반적인 사항 중에서 소믈리에가 꼭 알고 있어야 할 중요한 부분들은 요점 정리하였다.

이 책의 몇몇 부분은 우리나라의 실정과 맞지 않는 부분도 있다. 이것은 법적, 문화적 또 산업적인 차이에서 오는 것으로 우리나라도 와인 산업이 발전하면 법과 제도가 변할 것으로 예측되고, 또 우리나라의 젊은이들이 외국에서 일을 하게 되는 경우에 도움이 될 수 있도록 프랑스의 사례를 참고로 언급하였다. 그래서 소믈리에가 되기를 원하는 분들이 굳이 외국에 나가서 공부를 하지 않더라도 참고가 되도록 기술하였다.

모쪼록 이 책이 소믈리에가 되기를 희망하는 지망생들과 현재 소믈리에로 일하고 계신 분들과 또 와인 서빙 등에 대해서 관심을 가지신 와인 애호가들에게 도움이 된다면 기쁘겠다.

아울러 소믈리에의 실무와 서빙에 대해서 지도해 주신 CAFA의 은사 Franck Chausse 교수님과 출판에 많은 도움을 준 책미래 대표님께 감사드린다.

2020년 3월

마주앙 공장장 출신 소믈리에

김준철 드림

CONTENTS

CONTENTS

CONTENTS

CONTENTS

01 와인

1. 와인의 역사

인류가 포도를 이용한 시기는 포도를 과일로 먹었을 때로부터 아주 오래되었을 것으로 추측하지만 고대의 벽화를 통해서 알아보면 대략 3~4만 년 전으로 생각된다.

인류가 와인을 이용한 시기도 그와 못지않게 오래 되었을 것으로 추정된다. 지금까지 고고학자들이 유적들을 발굴해서 추정하는 와인의 역사는 점점 오래된 시기로 올라가고 있다. 최근에는 중국(BC 7,000)과 조지아(BC 6,000) 등의 지역에서 발굴된 유적이 가장 오래된 것으로 밝혀졌으므로 와인의 역사는 그 시기가 대략 지금부터 약 8,000~9,000년 전으로 거슬러 올라간다고 볼 수 있다.

2015년 기준 유럽과 남·북 아메리카 대륙, 호주, 아프리카, 아시아 등에서 소량의 와인 생산국까지를 합하면 63개국에서 약 283억 9,590만 리터의 와인이 생산되고 있다.

와인 생산국의 순위는 이탈리아, 프랑스, 스페인, 미국의 순으로 이들 국가에서 전체의 57% 이상을 생산하고 있다. 그 다음의 와인 생산국들은 아르헨티나, 칠레, 호주, 남아공, 중국의 순이다. 한국은 49위로 0.04%인 11,000,000리터를 생산하는 것으로 보도되었다(Trade Data and Analysis).

세계 와인의 소비량은 2015년 기준 약 247억 770만 리터이며 미국과 프랑스가 전체의 24% 이상을 소비하고 있다. 그 이외에 이탈리아, 독일, 중국, 영국, 아르헨티나, 스페인의 순이고 1% 이상을 소비하는 나라는 21개국이다.

2. 와인의 종류

소비되고 있는 와인에는 여러 가지 종류가 있으나 몇 가지 유형으로 구분하면 다음과 같다.

- 컬러: 화이트white, 레드red, 로제rosé
- 식사와 관련: 식전주appetizer, 식사주table wine, 식후주dessert wine
- 발포성 여부: 스틸 와인still wine과 발포성 와인sparkling wine
- 알코올 강화: 테이블 와인table wine과 강화 와인fortified wine
- 향신료 첨가 여부: 테이블 와인table wine과 향첨가 와인flavored wine

등으로 구분한다.

02

포도의 재배

1. 포도의 품종

현재 지구상에는 약 2만 종의 포도가 있고 그중에서 양조용으로 사용되고 있는 포도는 약 350종이다. 이 포도들이 나라별로 지역별로 각각 다르게 부르고 있어서 약 1,500종의 포도명이 있다.

대부분의 양조용 포도들은 유럽 품종들로 Vitis Vinifera속이다. 일부 미국 동부에서 재배되고 있는 품종들은 Vitis Vinifera와 Vitis Labrusca의 교잡종들이다.

- 양조용 화이트 품종들 중에서 많이 재배되고 있는 품종
  Chardonnay, Sauvignon Blanc, Semillon, Chenin Blanc, Riesling, Trebbiano, Viognier, Gewürztraminer 등

- 양조용 레드 품종들 중에서 많이 재배되고 있는 품종
  Cabernet Sauvignon, Merlot, Pinot Noir, Syrah, Grenache, Cinsault, Sangiovese, Nebbiolo, Tempranillo 등

2. 포도의 재배

1) 포도의 성장

- 4월경에 싹이 나와서 잎이 나오고 줄기가 뻗어난다.
- 6월경 꽃이 피며 꽃이 지면 포도알과 송이가 커진다.
- 8월경에 포도알이 변색하며
- 9월 중 하순부터 수확을 시작한다.
- 10월~다음해 3월 겨울철 휴면을 한다.

2) 포도의 숙성

포도는 4월경 포도의 싹이 나와서 자라서 잎이 되고 줄기가 뻗어나간다. 포도꽃은 6월경에 피며 꽃이 지고나면 아주 작은 포도송이 비슷하게 생긴 것이 서서히 크기 시작한다. 포도알이 거의 다 커질 때쯤부터 포도알의 색깔이 서서히 변한다. 이를 변색이라고 하며 대략 개화 후 약 60일쯤 되는 시기이다.

변색기 이후에는 포도에서 여러 가지가 변화가 있는데 포도알의 무게는 처음부터 증가하다가 이 시기에 주춤한 후에 다시 증가한다. 포도의 당도는 이 시기부터 급격히 증가하고 산도는 포도가 커가면서 초기부터 꾸준히 감소한다. 변색기에서 약 40일이 지나면 포도는 수확할 수 있게 숙성된다. 이때부터 포도의 수확은 가능하나 와인 회사에 따라서 이 수확 시기가 조절된다. 대중 와인용 포도는 이 시기에 수확을 하나 고급 와인의 경우에는 포도의 수확을 지연시켜 포도가 과숙하도록 한다.

대체로 너무 더운 지방에서는 산도가 너무 많이 떨어지므로 수확 시기를 앞당겨서 포도를 수확하게 되며 포도가 제대로 익지 못하여 포도의 컬러가 옅고 당도가 낮은 상태에서 수확을 할 수밖에 없다. 따라서 이런 포도로는 대부분 대중 와인을 생산하고 선선한 지방에 있는 좋은 와인 산지에서는 산도가 서서히 떨어지므로 포도 수확을 가능한 지연시켜서 포도가 완숙하도록 하여 수확을 한다. 이렇게 잘 익은 포도로는 당연히 고급 와인을 생산하게 된다.

3) 포도의 수확

포도가 잘 익으면 수확을 하게 되는데 포도 수확에는 크게 2가지 방법이 있다. 즉 손으로 수확하는 법과 기계로 수확하는 법이다.

① 손으로 수확하는 법

인력으로 포도를 따는 방법으로 인건비가 많이 든다. 사람이 눈으로 포도의 숙성 정도를 보고 수확을 하게 되므로 잘 익은 포도 송이만을 선별해서 수확이 가능하다. 덜 익은 포도송이들은 며칠 뒤에 다시 수확해서 수확하는 포도송이들은 모두 잘 익은 포도들이다. 이 방법의 단점은 인건비가 많이 든다는 것이다. 따라서 소규모 포도밭에서만 가능하고 대단위 포도밭들에서는 사용할 수 없다. 손으로 수확한 포도는 회사별로 고급 와인들을 만드는 데만 사용된다.

② 기계로 수확하는 법

포도밭이 수만, 수십만 평 혹은 그 이상으로 대단위인 경우 인력을 공급할 수도 없을 뿐만 아니라 짧은 시간 안에 포도를 수확해야 하는데 인력으로는 불가능하다. 따라서 이런 경우에는 기계로 수확을 하게 된다.

기계 수확의 장점은 짧은 시간 내에 넓은 지역의 포도를 수확할 수 있다는 점이다. 단점으로는 기계로 수확하니 포도가 잘 익은 송이만을 골라서 수확할 수 없고 잘 익은 송이, 덜 익은 송이, 일부 포도 잎과 줄기도 같이 수확된다. 또 잘 익은 포도는 일부 터지기도 한다는 것이 단점이다.

따라서 이 방법은 와인을 대량 생산하는 큰 와인 회사들이 중급과 대중 등급의 와인을 생산할 때에 사용하는 방법이다.

03

와인의 양조

포도밭에서 수확한 포도송이를 포도주 공장으로 운반하여 와인을 양조하는 공정은 크게 포도 압착 공정, 발효 공정, 숙성 공정, 병입 공정 등으로 구분된다. 화이트 와인, 레드 와인, 샴페인의 양조 공정은 각각 다르다.

1. 와인의 양조

1) 제경, 파쇄 공정

공장에 도착한 포도송이는 그대로 압착을 하기가 어려우므로 먼저 포도송이에서 줄기를 골라내고 포도알을 분리하는 작업과 이 포도알을 터트리는 작업을 하는데 이 작업을 제경파쇄 공정이라고 하고 이 기계를 제경파쇄기라고 한다.

2) 압착 공정

터트려진 포도알(must)에는 포도의 과육, 포도 껍질, 포도씨 등이 있다. 이것을 압착기로 압착해서 포도 주스를 얻는다. 화이트 와인의 경우 이 주스를 발효시켜서 와인을 만든다. 분리된 씨와 껍질은 포도 농장으로 보내어서 퇴비로 사용한다.

3) 발효 공정

포도 주스를 발효해서 와인을 만드는 공정이다. 발효는 효모가 포도 주스 속의 당분(포도당, 과당)을 에틸알코올로 변화시키고 탄산가스를 배출하는 과정을 말한다. 이 발효를 통해서 포도 주스 속의 다른 성분은 거의 그대로 두고 다만 당분만 알코올로 변화시켜서 와인을 만들게 된다.

① 효모

와인 발효에서 가장 중요한 역할을 하는 효모는 버섯, 곰팡이들과 같은 진균류의 미생물이다. 발효에 사용하는 배양 효모는 원래는 야생 효모들이었으나 미생물 학자들이 야생 효모들 중에서 와인을 만들었을 때에 좋은 향과 맛과 알코올 생산량도 많게 해주는 효모들만 골라서 따로 배양해서 판매하는 것이다. 공장에서는 발효할 때에 이들 배양 효모나 건조 효모들을 구입해서 사용한다.

효모에는 여러 종류가 있어서 알코올 도수가 4%까지 올려주고 그 이상의 알코올 도수에는 살 수 없는 효모, 또 알코올을 8%까지 올려주는 효모, 또 15%까지 발효하는 효모 등이 있다. 포도당을 알코올로 바꾸는 것은 효모 속의 여러 종류의 효소들에 의해 12가지의 복잡한 과정을 통해서 에틸알코올이 만들어진다.

② 화이트 와인의 발효 과정

앞에서 생산된 포도 주스를 발효 탱크에 넣고 효모를 투입하여 발효시켜서 와인을 만든다. 포도 주스에는 포도의 단맛을 주는 포도당과 과당이 들어 있다. 효모를 첨가해서 효모가 이 포도당과 과당을 먹고 알코올을 생산하고 탄산가스를 방출한다. 이것을 알코올 발효라고 한다. 발효가 진행되면 주스 속의 당분은 거의 모두 알코올로 변하여서 단맛이 없어지고 와인이 된다. 화이트 와인은 15℃에서 저온 발효를 진행하여 향과 알코올의 손실을 최대한 줄여 준다.

③ 레드 와인의 발효 과정

제경파쇄하여 터트린 포도알(must)를 바로 압착을 하지 않고 효모를 넣어서 발효를 시작한다. 즉 껍질과 씨와 주스가 있는 상태에서 발효를 한다. 화이트 와인과 달리 레드 와인은 붉은 컬러가 포도 껍질에서 오므로 껍질을 버리지 않고 씨와 같이 발효를 한다. 발효가 시작되면 포도의 껍질이 모두 위로 올라와 모자(cap)와 같이 된다.

옛날에는 막대기로 껍질을 눌러서 주스 속으로 밀어넣었으나 요즘은 주스를 펌프로 뽑아 올려 껍질 위에서 스프레이해주어 껍질을 적셔 흘러 내리도록 하여 껍질 속의 컬러를 녹여준다. 이렇게 하는 것을 마세라숑maceration이라고 한다. 레드 와인은 32℃ 이하로 발효 온도를 관리하며 3~4일이면 알코올 발효는 끝이나지만 마세라숑은 알코올 발효가 끝난 후에도 약 4주간 계속해서 컬러가 많이 녹아나게 하고 알코올이 높아질수록 컬러는 점점 더 많이 녹아들게 된다.

이 마세라숑 과정을 통하여서 와인의 컬러가 좋아질 뿐 아니라 껍질과 씨에서 타닌 성분도 우러나와 와인에 쓴맛을 더 해준다. 이후에 레드 와인은 말로락틱 발효(malo-lactic fermentation)를 하게 된다. 와인에는 신맛이 있는데 신맛을 주는 것을 유기산이라고 한다. 와인에 있는 유기산에는 주석산과 사과산이 대부분이다. 주석산은 부드러운 맛을 주는 산이고 사과산은 거친 맛을 주는 산이다. 대부분의 레드 와인은 거친 맛의 사과산을 없애주는데 그 방법이 말로락틱 발효이다. 이것은 젖산균이 와인 속의 사과산을 젖산으로 만들어주는 것이다. 이렇게 되면 레드 와인에서 신맛이 많이 부드러워지고 전체 산도는 좀 낮아진다.

4) 숙성 공정

발효가 끝나면 와인이 되는데 이 와인은 주스 속의 작은 고형분 등과 또 발효에서 엄청나게 증가된 효모들 때문에 맑지 않고 뿌옇다. 또 어린 와인이라 맛도 거칠다. 이런 와인이 숙성 과정을 거치면서 고형분들이 침전하게 되고 이 침전물을 앙금분리를 통해서 맑아지도록 한다. 물론 침전으로 와인이 많이 맑아지나 눈에 보이지 않는 작은 입자들이 여전히 와인 속에 들어 있으므로 숙성 중에 와인을 여과한다든지 또는 청징이라는 작업을 통해서 와인을 맑게 해준다. 예를 들면 계란 흰자를 풀어서 와인에 넣으면 이것이 주위에 있는 와인 속의 부유 물질을 흡착하여 침전한다. 이렇게 계란 흰자로 침전물을 분리해서 와인을 맑게 하는 것은 로마 시대부터 해오는 방법이다.

숙성 공정에서는 이렇게 와인이 맑아지는 과정을 거치면서 와인이 숙성이 되어 와인의 맛을 좋게 해준다.

와인의 숙성이란 위와 같이 와인이 맑아지도록 하고 또 와인이 복잡한 산화, 환원과 에스테르 과정을 거치면서 와인의 컬러, 향과 맛 등 품질을 향상시켜 마시기에 좋도록 해주는 것을 말한다.

와인의 숙성은 발효가 끝나서 와인이 되면서부터 숙성은 시작된다. 숙성의 기간은 회사별로 다르고 또 제품별로 다르다. 와인은 숙성 기간 중에 스테인리스 스틸 등의 탱크에 보관하는 것과 오크통에서 보관하는 방법의 크게 2가지가 있다.

- 스테인리스 스틸 탱크에 보관하면 와인이 공기 중의 산소와 접촉할 기회가 적기 때문에 산화로 인한 숙성이 잘 이루어지지 않아서 원래 와인의 맛과 향이 잘 유지된다. 대부분의 대중 와인들은 이렇게 탱크 숙성하고 병에 담아서 조기에 판매하므로 이런 와인들은 프레시한 맛이 많다.
- 와인을 오크통에 담아서 숙성하면 오크통의 컬러, 향, 맛이 와인에 녹아들어서 탱크 숙성한 와인과는 컬러, 향과 맛이 다르게 된다. 특히 이런 향을 와인애호가들이 선호하므로 대부분의 고급, 고가 와인들은 오크통 숙성을 한다.

발효와 숙성에 사용되는 용기의 종류에는 오크통과 나무로 만든 탱크, 콘크리트 탱크, 철제 탱크, 스테인리스 스틸 탱크, 플라스틱 탱크 등이 사용되고 있다.

5) 병입 공정

포도주 공장에서 필요한 기간 숙성을 한 와인은 병에 담게 된다. 주주기에서 와인을 병에 담고 그다음 바로 코르크 마개로 막는다. 그다음 코르크 위에 캡슐을 씌우고 상표를 붙여서 상자에 담고 창고로 보낸다.

이 과정에서 일부 와인들은 코르크 마개를 한 후에 바로 지하실로 보내어 숙성시키는 것이 있다 이것을 병 숙성이라고 한다. 대부분의 고급 와인들은 이렇게 필요한 기간을 병 숙성한 후에 병울 꺼내어서 세척하고 캡슐을 씌우고 상표를 부착해서 창고로 보내어서 판매를 한다.

• 코르크 마개에 사용되는 코르크는 코르크 나무의 껍질로 만든다. 이런 나무는 주로 포르투갈, 스페인, 알제리, 프랑스 남부 등지에서 자란다. 코르크 나무는 9~10년마다 껍질을 벗길 수 있으며 150~200년 동안 껍질을 수확한다.

코르크는 1cm³ 안에 4,000만 개의 기포가 있는 다공성으로 수축성이 있어서 병마개로 많이 사용되고 있다.

코르크는 예로부터 신축성이 좋은 이유 등으로 천연의 와인 병마개로 오랫동안 애용되고 있다. 천연의 나무껍질이라 아주 가끔 결점이 나타났었다. 즉 와인에 부쇼네bouchonée, 코르키corky, 코르키드corked, 코르키니스corkiness 냄새가 나는 것이 있어서 와인 애호가들의 불평을 받아왔다. 이 냄새는 젖은 신문지, 골판지, 습기찬 시멘트 등의 냄새로 이런 냄새가 와인에서 나면 불량으로 여겼다.

이 냄새는 TCAtrichloroanisole이라는 물질로 상태가 나쁜 코르크에서 나오는 것으로 알려져 왔으나 최근의 연구 결과 코르크뿐만 아니라 포도주 공장의 탱크, 호스, 개스켓, 지하실의 나무 기둥 등에서도 발견되고 있다. 따라서 이 물질은 와인뿐만 아니라 모든 주류와 음료 및 식품 공장에서 발견되고 있어서 문제를 일으키고 있는 것으로 알려지고 있다. TCA는 코르크에서만 오는 것은 아니지만 와인 속에 나타나는 냄새로 앞으로 해결이 되어야 할 숙제이다.

2. 샴페인(Champagne) 양조

샴페인은 프랑스 샹파뉴 지방에서 생산되는 스파클링 와인을 샴페인이라고 부른다. 과거에는 세계 모든 나라에서 생산되던 스파클링 와인을 샴페인이라고 불렀으나 샹파뉴 지방에서 이의를 제기했고 법원에서 인정하여 프랑스 샹파뉴 지방에서 생산되는 것만 샴페인이라고 부르게 되었다.

이 샴페인은 와인을 만들다가 생긴 불량품으로 지금은 아주 유명한 스파클링 와인이 되어서 세계에서 사랑을 받고 있다.

샴페인을 만드는 방법은 일단 정상적으로 와인을 만든 후에 샴페인으로 사용하기에 좋은 와인들을 베이스 와인으로 선정하여 병 속에서 2차 발효를 진행하도록 하며 이때 발생하는 탄산가스가 빠져나가지 못하도록 병 속에 잡아둔 것이 샴페인이다.

- 베이스 와인Base Wine의 선정: 신맛이 많은 와인 중에서 향과 맛에서 특이한 것이 없는 neutral한 와인을 선정한다. 샴페인은 대부분이 화이트이지만 원료로 사용되는 포도는 레드 품종인 삐노 누아Pinot-Noir와 삐노 므니에Pinot-Meunier와 화이트 품종인 샤르도네Chardonnay를 사용해서 만든다.
  샤르도네로만 만든 샴페인을 Blanc de Blanc이라고 표기하고 적포도로 만든 샴페인을 Blanc de Noir라고 표기하기도 한다.
- 병입Bottling: 베이스 와인에 설탕과 효모를 첨가하고 이 와인을 샴페인 병에 담고 마개는 맥주병 뚜껑인 크라운으로 씌운다.
- 2차 병 발효: 이 병을 상자에 담아두거나 랙에 눕혀두면 효모가 병 속에 있는 설탕을 먹고 2차 발효를 한다. 병 내에서 발효가 진행함에 따라 알코올 도수가 올라가고(넣은 설탕의 양에 따라) 발생하는 탄산가스가 병 내에 가득차고 압력이 증가한다. 발효는 대체로 몇 주일이면 끝난다.
- 숙성Aging: 발효가 끝난 샴페인을 그대로 바로 상품화하지 않고 샴페

인에 따라서 길게는 1~2년 혹은 5년, 10년을 숙성시킨다. 효모와 같이 있는 상태를 쉬르 리sur lie라고 부른다. 발효가 끝난 후에 효모는 더 이상 설탕이 없는 상태에서 오래 두면 죽게 되고 그러면 효모의 세포막이 분해되어 속의 원형질이 샴페인 속으로 녹아들게 되는데 이때 발생하는 향이 샴페인의 향을 풍부하게 해주므로 고급 샴페인은 쉬르 리sur lie하는 숙성 기간을 길게 한다.

- 리들링Riddling: 병 속의 효모를 제거하기 위해서 일단 병의 바닥이나 옆에 침전한 효모를 병구 쪽으로 모으는 과정이다. 샴페인을 구멍이 뚫린 비스듬히 세운 와인 랙pupitre에 와인 병을 걸쳐서 처음에는 수평에서 병을 며칠에 한 번씩 돌리면서 약간씩 세워주면 병이 서서히 수직으로 세워지게 되고 병 속의 효모 침전물들이 병구 쪽으로 모이게 된다.
- 냉각: 와인 병이 거꾸로 된 상태에서 그대로 병목 쪽을 -20℃ 정도의 냉매에 담그면 샴페인의 온도가 5℃ 정도로 내려가고 병구 근처에 모인 효모들은 얼어서 얼음 덩어리가 된다.
- 디스고르징: 이때 맥주 오프너를 사용해서 왕관을 따면 병 내의 압력으로 얼음 덩어리가 튀어나가고 효모도 같이 제거되어 맑은 샴페인이 된다.
- 도사징Dosaging: 얼음 덩어리가 날아갔으니 샴페인의 양이 줄어들게 되며 이 양을 보충해주어야 한다. 다른 병의 샴페인으로 보충을 하는데 보충하는 샴페인에 설탕을 넣어서 샴페인의 당도를 조절한다. 설탕을 많이 넣으면 sweet 샴페인이 되고 첨가하는 설탕의 양에 따라서 extra brut, brut, extra sec, demi-sec 등으로 구분된다.
- 코르킹Corking: 제대로 된 샴페인 코르크로 마개를 한다. 샴페인 코르

크는 일반 와인의 코르크와는 다르게 크기가 크다.

- 와이어 후딩Wirehooding: 샴페인은 탄산가스의 압력으로 6bar 정도로 압력이 높다. 따라서 잘못하면 코르크가 튀어나올 수 있다. 그럴 경우 위험한 일이 발생할 수 있으므로 큰 코르크를 사용하고 또 철사로 코르크를 병의 링 부분에 고정한다.
- 그 위에 캡슐을 붙이고 상표 부착해서 창고로 입고한다.

3. 특수 와인

1) 아이스 와인(Ice Wine)

아이스 와인은 포도가 숙성해서 수확 시기가 되어도 수확을 하지 않고 겨울이 될 때까지 나무에 달려 있도록 한다. 겨울까지 두면 포도알이 과숙하고 수분이 건조하여 당도가 많이 올라가게 된다. 겨울에 온도가 -12℃ 이하로 내려가면 포도알의 수분은 얼게 된다. 다음날 새벽 트럭터의 라이트를 비추면서 포도송이를 손으로 수확하는데 해뜨기 전에 작업을 마쳐야 한다. 수확량은 아주 적어서 정상 수확 포도의 약 15%밖에 되지 않는다. 공장에 운반하여 압착을 하는데 수분은 얼음이 되고 당분은 얼지 않으므로 아주 소량의 주스를 얻을 수 있다. 이렇게 얻은 주스는 당도가 너무 높아서 발효가 잘 안 된다. 발효가 수개월 혹은 1년 이상 걸리기도 한다. 발효가 끝나더라도 알코올이 높지 않고 7% 정도가 되고 남아 있는 당분이 많기 때문에(100g/리터 정도) 아주 단맛이 많은 와인이 된다.

이 아이스 와인은 당도가 아주 높고 산도도 높아서 수백 년 보관이 가능한 와인으로 귀부 와인과 함께 최고급 화이트 와인이다. 추운 지방이라야 만들 수 있는 와인으로 독일과 캐나다에서 주로 생산하고 그 외에 스위스,

오스트리아, 미국 동북부 나이아가라 폭포 근처에서도 생산되고 있다.

2) 귀부 와인(Botrytized Wine)

귀부병에 걸린 포도로 만든 와인이다. 이 병은 습도가 있는 환경에서 잘 걸리는데 습한 상태가 유지되면 잿빛 곰팡이병(Botrytis Cinerea)에 감염되고 포도 수확을 거의 못하게 된다. 이 병에 걸리면 포도알의 껍질이 얇아지고 진무르게 되어 포도 농사를 망치게 된다. 일부 껍질이 두꺼운 포도알은 수분이 많이 증발하여 포도의 당도가 올라간다.

이런 상태를 noble rot(귀하게 부패한)라고 한다. 포도는 초가을 오전에 안개가 끼어 있고 낮에는 안개가 개어서 맑고 건조한 날씨가 되면 이 병에 잘 걸린다. 이 포도는 당도가 아주 높고 수확량이 얼마 되지 않고 착즙 이후 발효 기간이 수개월 혹은 수년 걸린다. 그래도 발효가 다 되지 않아서 알코올 도수는 낮지만 기가 막힌 향이 있는 와인이 된다. 당분이 많이 남아 있어 아주 달고 수백 년 보관이 가능한 화이트 와인 중 최고 등급의 와인이다. 헝가리의 토카이, 독일의 트로켄베에렌아우스레제, 프랑스 쇼떼른 와인 등이 이런 귀부 와인이다.

3) 뱅 두 나투렐(Vins doux Naturels)

프랑스 랑그독 지방에서 많이 생산되는 와인으로 포도 주스를 발효하다가 발효가 완전히 끝나기 전에 포도주를 증류한 주정을 첨가해서 발효를 중단시킨 와인이다. 이 와인은 남아 있는 당분으로 달콤하고 과일의 향과 맛이 많다. 발효를 중단해서 알코올은 적으나 첨가한 주정으로 알코올이 대부분 15℃ 정도이다.

4) 뱅 존느(Vin Jaune)

쥐라 지방에서 유명한 와인으로 10월 말쯤에 사바냥 포도를 늦게 수확해서 발효하며, 앙금 분리 후 오크통에서 숙성시키며 숙성 기간 중에는 증발한 와인을 보충하지 않고 두면 회색 효모의 막이 와인 표면을 덮게 되고 이 효모가 산소를 흡수하고 와인의 산화를 막아준다. 6년쯤 되면 와인은 2/3밖에 남지 않는다. 이 독특한 향과 맛의 와인을 뱅 존느Vin Jaune라고 한다.

5) 뱅 드 빠이유(Vins de Paille)

포도가 아주 잘 숙성되도록 11월 첫서리가 내린 후에 포도를 수확한다. 이 포도송이를 달아매거나 짚으로 된 매트 위에서 2~3개월을 건조시켜 당도가 아주 많아지도록 한 후에 발효하게 된다. 발효 기간이 2~3년 소요되기도 한다. 발효가 끝나면 다시 2~3년을 오크통에서 숙성시키는 독특한 향이 나는 와인이다.

04

세계의 와인(Wines of the World)

와인의 세계에서는 오래전부터 포도를 재배하고 와인을 생산해온 유럽의 여러 나라들을 올드 월드Old World라고 부르고, 유럽 이외의 나라들은 와인의 생산 역사가 얼마 되지 않았다고 해서 뉴 월드New World라고 부른다.

세계에는 많은 나라에서 와인을 생산하고 있고 나라별로 와인이 다르다. 그뿐만 아니라 한 나라에서도 지역별로 다른 와인들을 생산하고 있다. 나라별로 또 지역별로 생산되는 와인이 다른 것은 각 나라, 지역별로 기후와 토질 등의 자연환경이 다르기 때문이다.

특히 프랑스, 이탈리아, 스페인, 포르투갈 등의 라틴 계통의 나라들은 오래전부터 각 지방별로 부근에 자생하는 포도 품종들이 있었다. 이들 국가들은 대체로 와인을 만들 때에 한 종류의 포도 품종으로 와인을 만들지 않고 주위에 있는 여러 품종의 포도로 와인을 만들어 왔다. 지역별로 기후가 다르고 토질이 다르니 그런 자연환경에서 잘 자라는 포도를 사용해서 지역별로 다른 와인을 생산하게 되었다. 이들 나라들은 와인의 생산 지역을 중요하게 생각해서 지역을 구별하여 와인의 등급을 관리하는 와인 법을 가지고 있다.

여기에 반해서 독일, 오스트리아, 스위스 등의 게르만 계통의 나라들은 조금 다르다. 이들 나라에서도 주위에 자생하는 여러 종류의 포도들이 있었다. 이 포도들로 와인을 만들었는데 이들 나라들에서는 단일 품종으로 와인을 만들고 품종별로 포도가 얼마나 잘 익었느냐에 따라서 와인의 등급을 관리하는 와인 법을 가지고 있다. 각 나라별로 와인에 관한 중요한 사항들을 요약해서 알아보도록 하겠다.

1. 프랑스 와인

프랑스의 와인 역사는 로마시대부터 본격적으로 시작되었다. 프랑스는 와인의 역사가 유럽에서 가장 오래되지는 않았으나 자타가 공인하는 세계 최고의 와인 국가이다.

중세 프랑스에 있던 수도원들에서 수사들이 포도재배 기술과 양조 기술의 개발하여 세계 와인의 역사와 문화에 있어서 큰 기여를 하였다. 또 근대에 들어서서는 와인의 품질 향상과 와인의 마케팅에 주력하여 왔고 지금도 세계 와인 산업을 이끌고 있는 나라이다.

① 프랑스의 와인 법

프랑스의 와인 법은 와인 등급을 규정하는 법이다. 프랑스의 모든 와인은 다음의 와인 등급으로 구분하며 각 와인은 이 등급을 상표에 기재해야 한다.

- 고급 와인(Appellation d'Origine Contrôlée)
- 고급 와인(Les Vins Délimité Qualité Supérieure)
- 중급 와인(Vin de Pays)
- 대중 와인(Vin de Table)으로 4단계로 구분되며

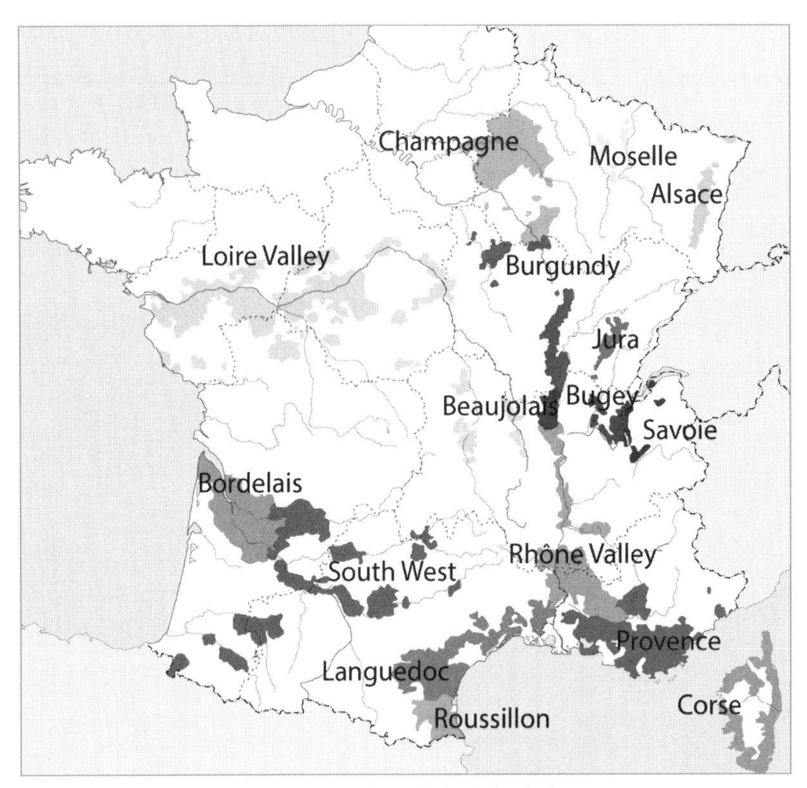

지도 1 프랑스 와인 생산 지역

1935년부터 시행해 오던 이 와인 등급은 2012년부터 다음과 같이 변경되어 시행되고 있다.

- 고급 와인(Appellation d'Origine Protégée) A.O.P.
- 중급 와인(Indication Géographique Protégée) I.G.P.
- 대중 와인(Vin de France)

② 와인 생산 지역

전국이 포도 재배에 적합한 자연 환경으로 전국에서 포도가 재배되는데 특히 강을 따라 주위에서 포도를 재배하고 있다. 중요한 와인 산지를 알아보면 보르도, 부르고뉴, 샹파뉴, 론느, 르와르, 프로방스, 알자스, 랑그독-루시용, 동부 국경지역, 남서부 지역, 코르스 등이 있다.

1) 보르도(Bordeaux) 지역

프랑스 남서쪽 대서양 연안에 있는 지역으로 온화한 기후로 세계 최고의 와인을 생산하고 있다. 보르도 지역에는 유명한 와인 산지들이 많은데 특히 메도크Médoc, 생떼밀리옹St. Emilion, 뽀므롤Pomerol, 그라브Grave, 앙뜨르 두 메Entre-Deux-Mers 등의 지역이 있다.

보르도에서 자체 포도밭을 가지고 있는 포도주 공장을 샤또Château라고 부르고 보르도에는 현재 약 8,000개의 샤또가 있다.

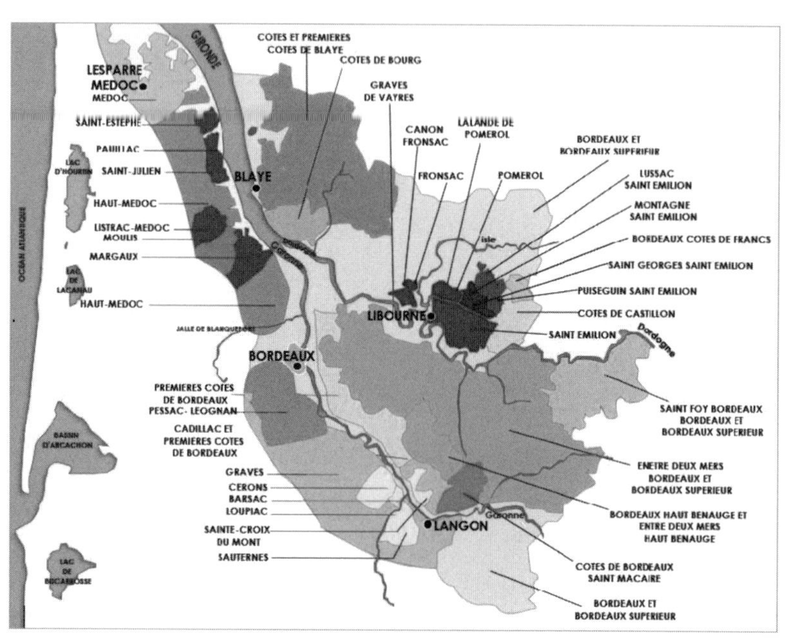

지도 2 보르도 와인 생산 지역

① 메도크 그라브 지방

자갈과 모래가 많은 토질에서 까베르네 소비뇽 품종을 많이 사용하여 강한 와인을 생산하는 지방이다.

■ 그랑 끄뤼 끌라세Grand Cru Classé 샤또

1855년 메도크와 그라브 지역의 유명한 61개 샤또들이 그랑 끄뤼 끌라세 조합을 만들어서 다른 샤또들과 차별화 해오고 있다. 이들 그랑 끄뤼 끌라세를 1등급에서 5등급으로 구분해서 지금까지 등급의 변동이 없었다. 다만 1973년에 샤또 하나가 2등급에서 1등급으로 승격하였을 뿐이다. 이들 샤또들은 모두 레드 와인을 생산하는 샤또들이다.

1등급 샤또들을 쁘리미어 그랑 끄뤼 끌라세Premier Grand Cru Classé라고 부르고 다른 샤또들은 그냥 그랑 끄뤼 끌라세Grand Cru Classé라고 부르나 각 샤또별로 2~5까지의 등급이 있다.

1855년에 그라브 지역의 소떼른 지방에서 귀부 와인인 화이트 와인을 생산하는 샤또들도 비슷한 등급을 만들어서 사용하고 있다.

The Médoc Classification of 1855

- First GrowthsPremiers Crus

  Château Lafite Rothschild라피뜨 로칠드, Pauillac

  Château Latour라뚜르, Pauillac

  Château Margaux마고, Margaux

  Château Haut-Brion오 브리옹, Péssac, Graves

  Château Mouton Rothschild무똥 로칠드[1], Pauillac

- Second GrowthsDeuxièmes Crus

  Ch. Rauzan-Ségla로장 세글라 Margaux, Ch. Rauzan-Gassies로장 가시,

Margaux, Ch. Léoville-Las Cases 레오빌 라스 까즈 St.-Julien, Ch. Léoville-Poyferré 레오빌 쁘와페레 St.-Julien, Ch. Ducru-Beaucaillou 뒤끄뤼 보까이유 St.-Julien, Ch. Lascombes 라스꽁브 Margaux, Ch. Léoville-Barton 레오빌 바르똥 St.-Julien, Ch. Durfort-Vivens 뒤르포르 비방 Margaux, Ch. Gruaud-Larose 그뤼오 라로즈 St.-Julien, Ch. Brane-Cantenac 브란 깡뜨낙 Cantenac-Margaux, Ch. Pichon Longueville Baron 삐숑 롱그빌 바롱 Pauillac, Ch. Pichon Longueville Comtesse de Lalande 삐숑 롱그빌 꽁떼스 드 라랑드 Pauillac, Ch. Cos d'Estournel 꼬스 데스뚜르넬 St.-Estephe, Ch. Montrose 몽로즈 St.-Estephe

• Third Growths Troisièmes Crus

Ch. Kirwan 키르왕 Cantenac-Margaux, Ch. d'Issan 디쌍 Margaux, Ch. Lagrange 라그랑쥐 St.-Julien, Ch. Langoa-Barton 랑고아 바르똥 St.-Julien, Ch. Giscours 지스꾸르 Margaux, Ch. Malescot St. Exupéry 말레스꼬 샐떽쥐뻬리 Margaux, Ch. Cantenac-Brown 깡뜨낙 브라운 Margaux, Ch. Boyd-Cantenac 브와 깡뜨낙 Margaux, Ch. Palmer 빨메 Margaux, Ch. La Lagune 라 라귄 Haut-Medoc, Ch. Desmirail 데스미라이 Margaux, Ch. Dubignon 뒤비뇽 Margaux[2], Ch. Calon-Ségur 깔롱 세귀 St.-Estephe, Ch. Ferrière 페리에르 Margaux, Ch. Marquis d'Alesme 마르끼 달레스므 Margaux

• Fourth Growths Quatrièmes Crus

Ch. Saint-Pierre 생 삐에르 St.-Julien, Ch. Talbot 딸보 St.-Julien, Ch. Branaire-Ducru 브라네르 뒤끄뤼 St.-Julien, Ch. Duhart-Milon 뒤아르 밀롱 Pauillac, Ch. Pouget 뿌제 Margaux, Ch. La Tour Carnet 라 뚜르 까르네

사진 1 메도크 그라브 유명 와인

Haut-Médoc, Ch. Lafon-Rochet라퐁 로쉐 St.-Estephe, Ch. Beychevelle베이슈벨 St.-Julien, Ch. Prieuré-Lichine프리외레 리쉰 Margaux, Ch. Marquis de Terme마르끼 드 떼르므 Margaux

- Fifth GrowthsCinquièmes Crus

Ch. Pontet-Canet뽕떼 까네 Pauillac, Ch. Batailley바따이 Pauillac, Ch. Haut-Batailley오 바따이 Pauillac, Ch. Grand-Puy-Lacoste그랑 쀠 라꼬스뜨 Pauillac, Ch. Grand-Puy-Ducasse그랑 쀠 뒤까스 Pauillac, Ch. Lynch-Bages랭쉬바쥐 Pauillac, Ch. Lynch-Moussas랭쉬 무사스 Pauillac, Ch. Dauzac-Lynch도작 랭쉬 Margaux, Ch. d'Armailhac다르마이악 Pauillac, Ch. du Tertre뒤 떼르트르 Margaux, Ch. Haut-Bages-Libéral오 바쥐 리베랄 Pauillac, Ch. Pédesclaux뻬데스끌로 Pauillac, Ch.

Belgrave벨그라브 Haut-Médoc, Ch. de Camensac드 까망삭 Haut-Médoc, Ch. Cos Labory꼬스 라보리 St.-Estephe, Ch. Clerc-Milon끌레르 밀롱 Pauillac, Ch. Croizet Bages크르와제 바쥐 Pauillac, Ch. Cantemerle깡뜨메를르 Haut-Médoc[3)]

1) Mouton Rothschild는 1973년 2등급에서 1등급으로 조정됨
2) Dubignon은 피록셀라 창궐할 때에 생산이 중단된 후에 소유주가 여러 번 변경되었으며 이름도 바뀌어 오다 1960년 Dubignon Talbot는 여러 개의 포도밭으로 쪼개어져서 매각되었고 이 샤또는 사라짐.
3) Cantemerle는1855년에 그랑 크뤼 끌라세의 리스트와 지도에 없었으나 1856년부터 리스트에 나타남. 그 이유는 알려지지 않음.

■ **크뤼 부르주아 와인**Cru Bourgeois

보르도 지역의 수많은 샤또들 중에서 이들 그랑 크뤼 끌라세에 들지 못한 나머지 샤또들 중에서 200여 개의 좋은 샤또들이 1932년 크뤼 부르주아Cru Bourgeois 등급을 만들어서 관리하고 있다. 2003년 규정을 개정하면서 생긴 잡음으로 크뤼 부르주아 등급이 우여곡절을 겪은 끝에 2008년 매년 새로 새로운 샤또들을 선정하는 것으로 변경되고 3가지 크뤼 부르주아 등급이 하나로 통일하는 것으로 변경되었다.

2018년 9월 다시 규정이 개정되어서 과거와 같이 3개의 등급을 사용하고, 매년 심사해서 크뤼 부르주아를 선정하던 것을 5년마다 새로 선정하여 5년간 크뤼 부르주아 등급을 사용하도록 하는 것으로 변경되었다. 이 새로운 규정의 샤또 들은 선정 작업을 하고 2018년 빈티지 와인이 출하되는 2020년부터 시행하기로 발표하였다.

■ **크뤼 아르띠장** Cru Artisans **샤또**

크뤼 부르조아 등급 다음으로 샤또 아르띠장 샤또들이 있는데 이 등급의 샤또들은 샤또의 오너가 직접 포도 농사를 짓고 와인을 만드는 아주 작은 샤또들의 조합이다.

② 생떼밀리옹 지방

모래, 자갈과 점토질이 상당히 있는 토질에서 메를로 품종을 거의 절반을 사용하여 와인을 만들어서 부드러운 와인이 생산되는 지방이다. 생떼밀리옹 지방에서도 샤또의 등급을 관리하는 제도가 있다.

■ **그랑 크뤼 끌라세**

1954년 이 지역에서도 메도크 지방과 같이 샤또들이 많은데 그중에서 유명한 샤또들이 조합을 이루어서 등급을 만들었다. 대략 10년마다 그랑 크뤼 끌라세 샤또들을 새로 선정한다.

프르미에 그랑 크뤼 끌라세와 그랑 크뤼 끌라세의 등급이 있으며 메도크와는 다르게 그랑 크뤼 끌라세에는 1~5등급의 구분이 없다. 다만 프르미에 그랑 크뤼 끌라세 등급을 A등급과 B등급으로 구분한다.

2012 생떼밀리옹 그랑 크뤼 끌라세

• Premiers Grands Crus Classés A(4)

Ch, Ausone 오존, Ch. Cheval Blanc 쉬발 블랑, Ch. Angelus 앙젤뤼스, Ch. Pavie 빠비

• Premiers Grands Crus Classés B(14)

Ch. Beausejour 보세주르, Ch. Beau-Sejour Becot 보세주르 베꼬, Ch. Belair-Monange 벨에르 모낭쥐, Ch. Canon 까농, Ch. Canon-la-

Gaffelière까농 라 가펠리에르, Ch. Figeac피지악, Clos Fourtet끌로 푸르떼, Ch. La Gaffelière라 가펠리에르, Ch. Larcis Ducasse라르시스 뒤까스, Ch. La Mondotte라 몽도뜨, Ch. Pavie-Macquin빠비 마깽, Ch. Troplong Mondot트로쁠롱 몽도, Ch. Trotte Vieille트로뜨 비에이유, Ch. Valandraud발랑드로

- Grands Crus Classés(64)

Ch. l'Arrosée라로제, Ch. Balestard la Tonnelle발레스따르 라 또넬르, Ch. Barde-Haut바르드 오, Ch. Bellefont-Belcier벨퐁 벨시에르, Ch. Bellevue벨뷔, Ch. Berliquet벨르리께, Ch. Cadet Bon까데 봉, Ch. Cap de Mourlin까드 물랭, Ch. Chauvin쇼뱅, Ch. Clos de Sarpe끌로 드 샤르쁘, Ch. la Clotte라 끌로뜨, Ch. la Commanderie라 꼬망드리, Ch. Corbin꼬르뱅, Ch. Côte de Baleau꼬뜨 드 발로, Ch. la Couspaude라 꾸스뽀드, Ch. Dassault다쏘, Ch. Destieux데스띠유, Ch. la Dominique라 도미니끄, Ch. Faugères포제레, Ch. Faurie de Souchard포리 드 수샤르, Ch. de Ferrand드 페랑, Ch. Fleur-Cardinale플레 까르디날, Ch. La Fleur Morange라 플레 모랑쥐, Ch. Fombrauge퐁브로쥐, Ch. Fonplegade뽕쁠르가드, Ch. Fonroque퐁로끄, Ch. Franc Mayne프랑 메인, Ch. Grand Corbin그랑 꼬르뱅, Ch. Grand Corbin-Despagne그랑 꼬르뱅 데스파뉴, Ch. Grand Mayne그랑 메인, Ch. les Grandes Murailles레 그랑 뮤레이유, Ch. Grand Pontet그랑 뽕떼, Ch. Guadet구아데, Ch. Haut Sarpe오 사르쁘, Clos des Jacobins끌로 데 자꼬뱅, Couvent des Jacobins꾸방 데 자꼬뱅, Ch. Jean Faure장 포르, Ch. Laniote라니오뜨, Ch. Larmande라르망드, Ch. Laroque라로끄, Ch. Laroze라로즈, Ch. la Madelaine라 마들렌, Ch. La

사진 2 생떼밀리옹과 뽀므롤 지방의 유명 와인

Marzelle라 마르젤, Ch. Monbousquet몽부스께, Ch. Moulin du Cadet물랭 뒤 까데, Clos de l'Oratoire끌로 드 로라뜨와, Ch. Pavie-Decesse빠비 드세스, Ch. Péby Faugères뻬비 포제레, Ch. Petit Faurie de Soutard쁘띠 포리 드 수따르, Ch. de Pressac드 프레삭, Ch. Le Prieuré 르 프리에레, Ch. Quinault깽노, Ch. l'Enclos랑끌로, Ch. Ripeau리뽀, Ch. Rochebelle로쉬벨, Ch. Saint-Georges-Côte-Pavie생 조르쥐 꼬뜨 빠비, Clos Saint-Martin끌로 생 마땡, Ch. Sansonnet상소네, Ch. La Serre라 세르, Ch. Soutard수따르, Ch. Tertre Daugay떼르트르 도게, Ch. La Tour Figeac라 뚜르 피지악, Ch. Villemaurine빌모린느, Ch. Yon Figeac용 피지악

③ 뽀므롤 지방

이 지방은 점토질이 상당히 많고 그 외에 모래와 자갈이 있는 토질이어서

메를로Merlot 품종을 많이 사용하여 숙성을 오래하지 않고도 마실 수 있는 와인을 생산한다. 이 지역에도 샤또들의 등급이 있으나 공인된 것이 아니지만 1978년 알렉시스 리신Alexis Lichine이 분류한 등급이 있다. 뽀므롤 지방에서는 보르도 최고가의 와인인 샤또 뻬뜨뤼스Ch. Petrus와 샤또 르뼁Ch. Le Pin 등의 고급 와인들이 생산되고 있다.

④ 쇼떼른 지방

이 지방에서는 보르도 다른 지방과는 다르게 귀부병이 걸린 세미용 포도로 만든 특수 와인을 생산하고 있는데 이 와인은 세미용 포도를 주품종으로 달콤한 화이트 와인이다. 이 지역의 샤또들도 1855년 유명한 샤또들을 중심으로 조합을 결성하여 이들 샤또들을 다음과 같이 3등급으로 구분하여 관리하고 있다.

쇼떼른의 샤또 등급 (1855)

- Premier Cru Supérieur(1)

  Ch. D'Yquem 디껨

- Premiers Crus(11)

  Ch. La Tour Blanche 라 뚜르 블랑슈, Ch. Lafaurie-Peyraguey 라포리 페라게, Ch. Clos Haut-Peyraguey 끌로 오 페라게, Ch. de Rayne Vigneau 드 렌 비뇨, Ch. Suduiraut 쉬디로, Ch. Coutet 쿠테, Ch. Climens 클리망, Ch. Guiraud 기로, Ch. Rieussec 리외섹, Ch. Rabaud-Promis 라보 프로미, Ch. Rabaud Sigalas 시갈라스 라보

- Deuxiémes Crus(14)

  Ch. d'Arche 다르슈, Ch. Broustet 브루스테, Ch. Nairac 네락, Ch. Caillou 까

이유, Ch. Doisy-Daëne두와지 다엔, Ch. Doisy-Dubroca두와지 뒤브로카, Ch. Doisy-Vedrines두와지 베드린, Ch. Filhot필로, Ch. Lamothe-Despujols라모트, Ch. Lamothe-Guignard라모트 기냐르, Ch. de Myrat드미라, Ch. Romer du Hayot로메 뒤 아요, Ch. Suau쉬오

보르도 지역에서 레드 와인을 만드는 품종들은 까베르네 쇼비뇽Cabernet Sauvignon, 메를로Merlot, 카베르네 프랑Cabernet Franc, 말벡Malbec, 쁘띠 베르도Petit Verdot 등을 블랜딩하는데 그 비율은 지역별로 또 샤또별로 다르다.

화이트 와인을 만드는 품종은 쇼비뇽 블랑Sauvignon Blanc, 세미용Sémillon, 뮈스카델Muscadelle 등이다. 보르도 지역에서는 샤또들이 직접 와인을 판매하기도 하고 수출도 하나 큰 샤또들은 대부분이 네고시앙을 통해서 판매를 한다.

2) 부르고뉴(Bourgogne) 지역

보르도와 같이 프랑스 와인을 대표하는 와인 산지로 세계적으로 유명한 와인을 생산하는 지역이다. 보르도가 해양성 기후에서 포도를 재배한다면 부르고뉴는 대륙성 기후이다. 보르도가 야트막한 구릉지인 반면에 부르고뉴는 제법 산지라고 볼 수 있다. 부르고뉴의 자연환경이 보르도와 다르기 때문에 생산되는 와인도 보르도와는 많은 점에서 다르다.

부르고뉴에서는 단일 품종 포도로 와인을 만든다. 그래서 레드 와인은 삐노 누아Pinot-Noir 포도를, 화이트 와인은 샤르도네Chardonnay를 사용한다. 보졸레 등 일부 지방에서는 레드 와인용으로 가메Gamay 품종을 사용하고 화이트 와인용으로 샤르도네 품종을 사용하기도 한다. 기후 영향을

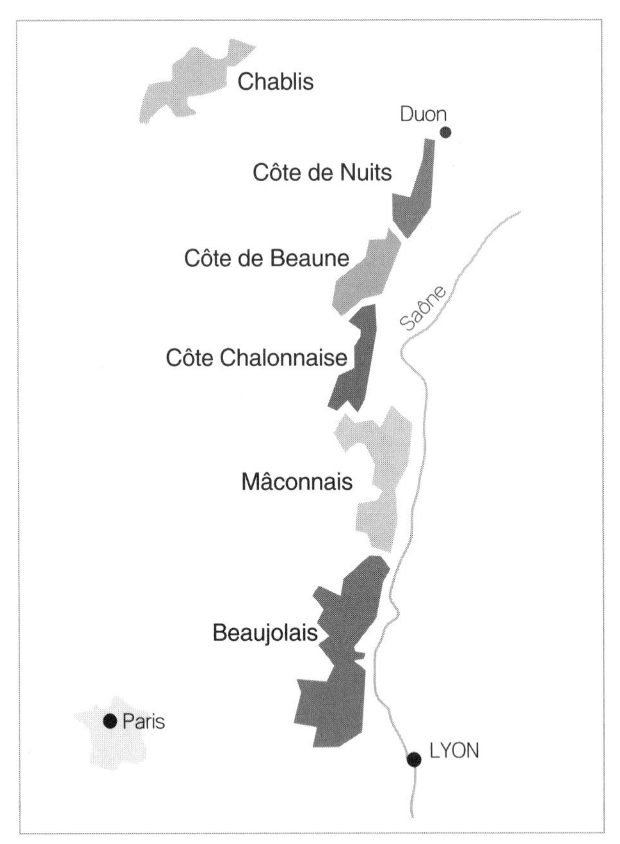

지도 3 부르고뉴 와인 생산 지역

받아서 대체로 레드 와인은 컬러가 좀 약하고 신맛이 많다. 화이트 와인도 신맛이 상당히 있다.

부르고뉴에도 보르도의 그랑 크뤼 끌라세와 비슷한 와인의 등급이 있으나 샤또에 등급을 매긴 것이 아니고 아주 좋은 조건의 포도밭에 등급을 매겨서 최고의 포도밭들에 그랑 크뤼Grand Cru, 다음 등급의 포도밭들에 프르미에 크뤼Premier Cru, 다음으로 좋은 포도밭들이 있는 마을을 빌라쥐Village라고 한다.

이 지역에서 유명한 와인 산지로는 샤블리Chablis, 꼬뜨 드 뉘Côte de Nuits, 꼬뜨 드 본Côte de Beaune, 꼬뜨 샬로네즈Côte Chalonnaise, 마꼬네즈Mâconnaise, 보졸레Beaujolais 등이 있다. 부르고뉴 최고의 와인 산지인 꼬뜨 드 뉘와 꼬뜨 드 본을 합쳐서 꼬뜨 도르라고 부른다.

① Chablis(1)

② Côte de Nuits

Marsannay, Fixin, Gevrey-Chambertin(9), Morey-Saint-Denis(5), Chambolle-Musigny(2), Vougeot(1) Vosne-Romanée(8), Nuit-Saint-Georges

③ Côte de Beaune

Ladoix, Aloxe Corton(2), Chorey-Les Beaune, Savigny Les Beaune, Beaune, Pommard, Monthelie, Volnay, Meursault, Auxey-Duresse, Puligny Montrachet(4), Chassage Montrachet(3)-Puligny와 2개 중복, St-Aubin, Santenay, Maranges

④ Côte Chalonnaise

Bouzeron, Rully, Mercurey, Givry, Montagny

Mâconnais

Mâcon, Pouilly-Fuissé, Saint-Véran

( ) 안은 그 지역에 있는 그랑 크뤼의 숫자

부르고뉴 지방은 포도주 회사를 도멘Domaine이라고 부르며 보르도와는 달리 대부분의 포도주 공장들이 포도밭 가운데 있는 것이 아니라 마을에 있다. 보르도의 샤또는 한 마을에만 포도밭이 있고 그 와인만 생산하나 부르

사진 3 부르고뉴 지방의 유명 와인

고뉴의 도멘은 여러 마을에 포도밭을 가지고 있고 와인 생산은 한 곳에서 하여 상표는 각각 다른 마을의 AOC를 붙인다.

다시 말하면 한 포도주 공장에서 여러 동네 AOC 와인을 생산한다. 따라서 도멘 중에서 여러 동네에서 좋은 포도밭을 많이 가지고 있는 회사가 좋은 도멘이다. 특히 그랑 크뤼와 프르미에 크뤼 포도밭을 많이 가지고 있으면서 브랜드 밸류가 있는 도멘들이 유명하고 이런 도멘들의 와인 가격도 고가이다. 소믈리에들은 이런 도멘들을 알아두는 것이 도움이 될 것이다.

Domaine de la Romanée-Conti, Domaine Faiveley, Domaine Armand Rousseau, Domaine Dujac, Domaine Ponsot, Domaine Georges Roumier, Domaine Comte Georges de Vogüé, Domaine Lamarche, Domaine Thomas-Moillard, Domaine Daniel Senard,

Domaine Chandon de Briailles, Domaine Joseph Drouhin, Maison Louis Jadot, Domaine Louis Latour, Domaine Leflaive 등이다.

⑤ 보졸레 Beaujolais

부르고뉴의 남쪽 산악 지역에 있는 와인 산지이다. 이 지역에서는 자연 환경이 삐노 누아보다는 가메Gamay 품종이 잘 재배된다. 따라서 보졸레 레드 와인은 가메로 만들고 화이트는 샤르도네로 만든다. 이 지역에서 가장 좋은 와인을 생산하는 10개의 동네를 Cru라고 한다.

이 10 Cru 마을은 Saint-Amour, Juliénas, Chénas, Moulin-á-Vent, Fleurie, Chiroubles, Morgon, Régnié, Brouilly, Côte de Brouilly 등이다.

3) 샹파뉴(Champagne) 지역

샹파뉴 지방에서는 샴페인을 주로 생산하며 일부 still wine도 생산하고 있다. 재배하는 포도 품종은 Pinot-Noir, Pinot-Meunier, Chardonnay이며 이들 품종으로 샴페인을 만든다. 샴페인에는 빈티지 샴페인과 빈티지를 섞은 논 빈티지가 있다. 샴페인에도 그랑 크뤼, 프르미에 크뤼가 있다.

• 유명한 샴페인 하우스

Billecart-Salmom***, Henri Billiot***, Bollinger***, Charles Heidsieck***, Krug***, Pol Roger***, Louis Roederer***, Ruinart***, Salon***, Jacques Selosse***, Vilmart***,Boizel**, A.Charbaut**, Veuve Clicquot-Ponsardin**, Devaux**, Jacquart**, Laurent-Perrier**, Moët & Chandon**, Palmer & Co**, Perrier-Jouët**, Taittinger**, Nicolas Feuillatte*, Piper-Heidsieck*, Lanson*, Mercier*, G.H.Mumm*, Pommery*

4) 발레 뒤 론(Vallé du Rhône) 지역

부르고뉴의 남쪽 리옹에서 아비뇽까지의 론 강을 따라서 있는 와인 생산 지역이며 다양한 와인이 생산되고 있다. 북부 론과 남부 론으로 구분한다.

① 북부 론

Syrah 포도를 주품종으로 여러 품종을 블랜딩해서 레드 와인을 만들고 화이트 와인은 Viognier를 주품종으로 하고 Roussanne, Marsanne 등으로 와인을 만든다.

- 이 지역의 유명한 와인 산지

  Côte Rôtie, Condrieu, Château Grillet, Saint-Joseph, Hermitage, Crozes-Hermitage, Cornas, Saint-Péray 등이 있다.

- 유명한 와인 생산 회사

  M. Chapoutier, Jean-Louis Chave, Jean-Michel Gerin, E. Guigal, Paul Jaboulet Aîné, André Perret, Domaine Jean-Luc Colombo

② 남부 론

Grenache를 주품종으로 Cinsault, Clairette, Picpoul, Mourvedre, Syrah 등을 블랜딩하여 와인을 만든다.

- 이 지역의 유명 와인 산지

  Châteauneuf-du-pape, Gigondas, Vacqueyras, Tavel, Lirac, Muscat de Beaumes-de-Venise, Rasteau 등이 있다.

- 남부 론 지방의 유명한 포도주 회사

  Vignerons Beaumes de Venise, Cave Coopérative Cairanne, Clos du Joncuas-F. Chastan, Domaine de l'Oratoire Saint Matin,

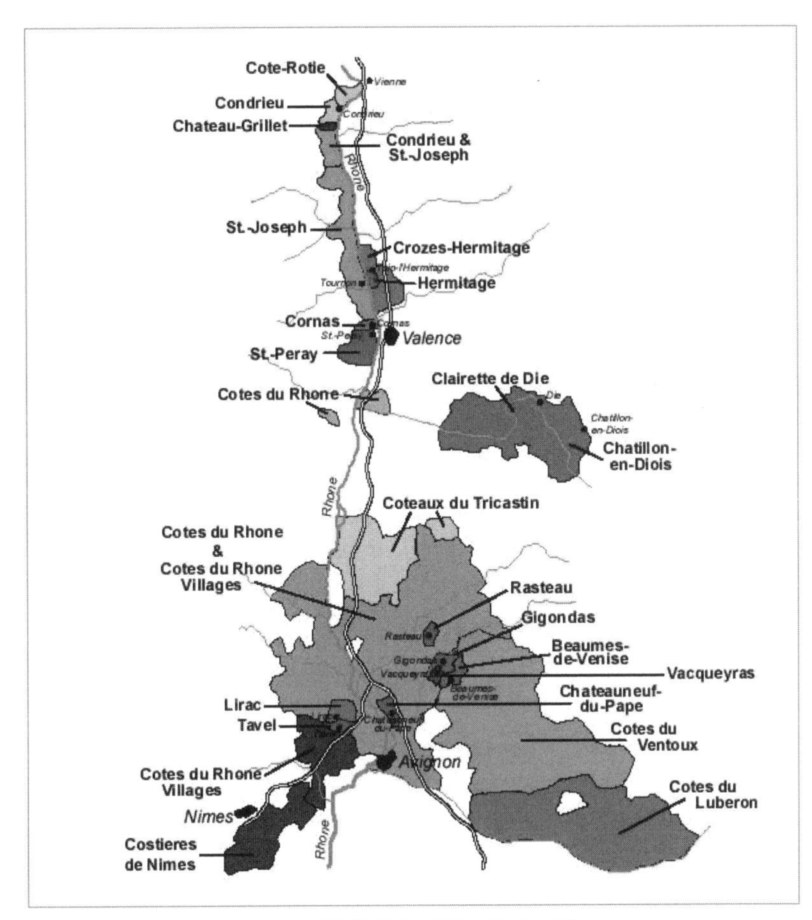

지도 4 발레 뒤 론 와인 생산 지역

Domaine la Réméjeanne, Domaine la Soumade, Château du Trignon-Charles Roux, Château d'Aquéria, Château de Beaucastel, Château de la Gardine

5) 르와르(Loire) 지역

이 지역은 르와르강 연안에서 와인을 생산한다.

• Centre-Loire의 유명 와인 산지

Sancerre, Pouilly-Fumé, Quincy, Reuilly 등이 있다.

• Touraine 지방의 유명 와인 산지

Touraine, Vouvray, Montlouis, Chinon, Bourgueil 등이 있다.

• Saumur-Anjou 지방의 유명 와인 산지

Anjou, Saumur, Coteaux du Layon, Bonnezeaux, 그리고 Pays Nantais에서 유명한 와인은 Muscadet이다.

■ 양조에 사용되는 포도 품종

• 화이트 와인용

Muscadet용으로 Melon de Bourgogne, Centre에서는 Sauvignon Blanc, Anjou와 Touraine에서는 Chenin blanc을 사용한다.

• 레드 와인용

Anjou와 Touraine에서는 Cabernet Franc 혹은 Gamay를 Centre에서는 Pinot-Noir를 사용한다.

• 르와르 지역의 와인 회사

Marquis de Goulaine, Louis Métaireau, Marcel Sautejeau, André

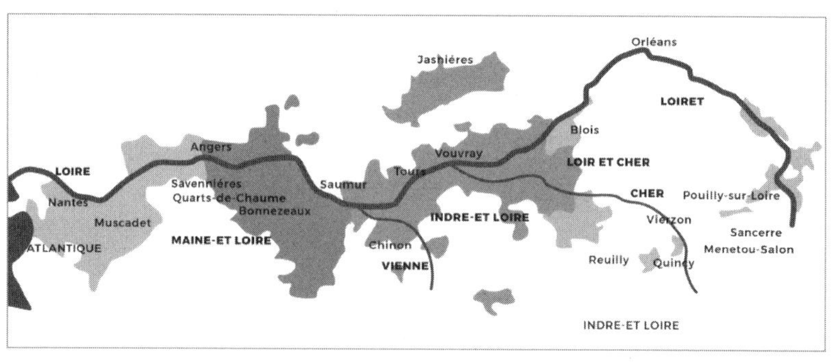

지도 5 르와르 와인 생산 지역

Vinet, Domaine des Baumard, Domaine de Flines, Royal De Neuville, Les Vins Touchais, Bougrier, Caves Monmousseau, Château du Nozet, Bouvet Ladubay, Château des Vaults, Pierre & Bertrand Couly, Domaine des Vallettes, Château Soucherie, Château de Minière, Domaine Sauvète, Domaine Coirier 등이 있다.

6) 프로방스(Provence) 지역

남부 지중해 연안에서 생산되는 와인으로 바닷가 휴양지에서 많이 소비되므로 이 지역은 특히 로제 와인이 유명하다.

- 화이트 와인용 품종

  그르나슈 블랑Grenache Blanc, 세미용Sémillon, 롤르Rolle 등이 있다.

- 레드 와인용 품종

  그르나슈Grenache, 무르베드르Mourvèdre, 시라Syrah, 카리냥Carignan 등이 있다.

- 유명한 와인 산지

  방돌Bandol, 까시스Cassis, 벨레Bellet, 꼬또 바루아Coteaux Varois, 꼬뜨 드 프로방스Côtes de Provence, 꼬또 데 장 프로방스Coteaux d'Aix-en-Provence 등이 있다.

- 이 지역 포도주 회사들 중에서 23개 회사가 크뤼 끌라세로 지정되어 있다.

  Domaine de l'aumérade à Pierrefeu, Ch. de Bregancon à Bormes-les-Mimosas, Castel Roubine à Lorgues, Clos Cibonne au Pradet, Domaine de la Clapière à Hyères, Domaine de la Croix à la Croix-Valmer, Ch. du Galoupet à la Londe-les-Maures, Domaine du

Jasd'Esclans à la Motte, Ch. de Mauvanne aux Salins, Ch. Minuty à Cassin, Clos Mireille à la Londe-les-Maures, Domaine du Noyer àBormes-les-Mimosas, Domaine de Rimauresq à Pignans, Ch. deSaint-Martin à Taradeau, Ch. Saint-Maur à Colgin, Ch. Sainte -Roseline aux-sur-Argens, Ch. de Selle à Taradeau, Ch. Sainte-Marguerite à la Londe-les-Maures, Château de Pibarnon, Mas de la Rouvière, Domaine Tempier, Château Romassan, Moulin des Costes, Domaine de l'Hermitage, Domaine de Terrebrune, Domaine de Frégate, Domaine de l'Olivette

7) 알자스(Alsace) 지역

알자스 지방은 프랑스의 동북부로 독일과 국경 지역에 있다. 과거에 독일 땅이었다가 다시 프랑스 땅이 되어서 독일과 같이 단일 품종으로 와인을 만들고 품종도 독일 품종들을 많이 재배한다. 또 프랑스의 와인 법을 따라서 AOC로 등급을 구분한다. 알자스에서는 화이트 와인을 많이 생산하고 있다. 재배하고 있는 포도 품종은 리스링, 게뷰르츠트라미너, 뮈스카, 삐노 그리 등이다. 이 지방에서 가장 좋은 위치의 50개 마을에서 노블 그레이프라고 부르는 리스링, 뮈스카, 게뷰르츠트라미너, 삐노 그리 등을 엄격한 규정으로 와인을 만들어서 그랑 크뤼라는 등급을 만들어서 사용하고 있다.

- 유명한 와인 산지

  알자스 혹은 뱅 달자스, 알자스 그랑 크뤼 등이 있다.

- 유명한 와인 회사

  Pfaffenheim, Hugel, Trimbach, René Muré, Paul Blanck, Josmeyer, Marcel Deiss, Leon Beyer, Bott Geyl, Schoffit, Weinbach 등이 있다.

2. 이탈리아 와인

이탈리아는 남북으로 약 2,000km로 좁고 길게 뻗어 있는 나라이다. 자연환경이 포도 재배에 적합하여 전국에서 와인이 생산되고 있다. 현재 세계에서 와인 생산량이 가장 많은 나라이다. 지정학적으로 상당히 남쪽에 위치한 나라이지만 국토의 폭이 좁아서 바다의 영향을 받고 또 남북으로 이어진 높은 산맥의 상당히 높은 곳에 포도밭들이 있어서 신맛도 상당히 있

지도 6 이탈리아 와인 생산 지역

는 좋은 와인들이 생산되고 있다.

이탈리아에서 만들어지고 있는 와인은 대부분이 이탈리아 자생 포도 품종들이다. 최근에 들어 프랑스 품종들을 재배하여 와인을 만드는 것이 늘어나고 있다.

• 레드 와인용으로 재배되고 있는 품종
  산지오베제Sangiovese, 네비올로Nebbiolo, 몬테풀치아노Montepulciano, 메를로Merlot, 돌체토Dolcetto, 바르베라Barbera 등이 있다.
• 화이트 와인용으로 재배되고 있는 품종
  트레비아노Trebbiano, 모스카토Moscato, 가르가네가Garganega, 알바나Albana, 코르테제Cortese, 말바지아Malvasia 등이있다.

1) 이탈리아의 와인 생산 지역

이탈리아의 와인 산지는 다음과 같다.

- 북서부: Valle d'Aosta, Piemonte, Lombardia, Liguria
- 북동부: Trentino Alto Adige, Veneto, Friuli-Venezia-Giulla
- 중서부: Toscana, Umbria, Lazio,
- 중동부: Emilia-Romagna, Marche, Abruzzo, Molise
- 남부 및 섬 지역: Puglia, Campania, Basilicata, Calabria, Sardegna, Sicilia

2) 이탈리아의 와인 등급

이탈리아도 프랑스와 비슷한 와인법이 있어서 와인을 4등급으로 구분하고 있다.

- 최고급 와인 D.O.C.G.Denominazione di Origine Controllata Garantita
- 고급 와인 D.O.C.Denominazione dii Origine Controllata
- 중급 와인 I.G.T.Indicazione Geografica Tipica
- 대중 와인 V.d.T.Vino da Tavola

이 와인 등급도 2010년부터 EU 규정에 부합하도록 조정되었다.

- 고급 와인 D.O.P.Denominazione di Origine Protetta: DOC + DOCG
- 중급 와인 I.G.P.Indicazione Geografica Protetta
- 대중 와인 Vini Varietali(포도 품종명 기재 시 85% 이상 사용)
- 대중 와인 Vini(화이트, 레드, 로제로만 표기)

3) 이탈리아의 D.O.C.G. 와인

이탈리아에는 74개의 D.O.C.G. 와인과 332개의 D.O.C. 와인이 있어서 D.O.P. 와인은 총 406개의 와인이 있으며 지역별로 D.O.C.G. 와인들을 알아보면 다음과 같다.

■ 북부 지역

- Emilia Romagna

  Albana di Romagna, Colli bolognesi

- Friuii-Venezia Giula

  Ramandoro, Colli Orientali del Friuli Picolit(Passito), Rosazzo

- Lombardia

  Franciacorta, Oltrepo Pavese Metodo Classico, Moscato di Scanzo, Sforzato dii Valtellina, Valtellina Superiore

• Piemonte

Asti & Moscato d'Asti, Barbaresco, Barbera d'Asti, Nizza, Barbera del, Monferrato Superiore, Barolo. Brachetto d'Acqui, Dolcetto di Dogliani, Superiore or Dogliani, Dolcetto di Ovada Superiore or Ovada, Gattinara, Gavi or Cortese di Gavi, Ghemme, Roero, Erbaruce di, Caluso or Caluso, Dolcetto dii Diano d'Alba or Diano d'Alba, Ruch di, Castagnole Monerrato, Alta Langa

• Veneto

Amarone della Valpolocella, Baldolino Superiore, Colli di Conegliano, Colli Eugenei Fior d'Arancio, Colli Asolani Prosecco, Conegliano, Valdobbiadene, Lison-Pramaggiore, Malanotte Raboso Superiore, Montello, Recioto di Soave, Soave, Recioto di Gambellara, Reciot della, Valpolicella, Prosecco

■ 중부 지역

• Abruzzo

Montepuciano d'Abruzzo

• Lazio

Cannellino di Frascati. Cesanese del piglio, Frascati Superiore

• Marche

Castelli di Jesi Verdicchio Riserva, Conero, Offida, Vernaccia di Serrapetrona, Verdicchio di Matelica Riserva

• Tuscany

Brunello di Montalcino, Carmignano, Chianti, Chianti Classic, Elba,

Aleatico Passito, Montecucco, Morellino di Scansano, Suvereto, Val di, Cornia, Vernaccia di San Giminano, Vino Nobile di Montepulciano

• Umbria

Sagrantino di Montefalco, Torgiano Rosso Riserva

■ 남부 지역 및 섬 지방

• Basilicata

Aglianico del Vulture Superiore

• Capania

Aglianico del Taburno, Fianco di Avellino, Greco di Tufo, Taurasi

• Puglia

Castel del Monte Bombino Nero, Castel del Monte Nero di Troia Riserva, Primitivo di Manduria Dolce Naturale

• Sardinia

Vermentino di Gallura

• Sicily

Cerasuolo di Vittoria

4) 수퍼 토스칸(Super Toscan)

토스카나에는 보르도와인과 같이 보르도 포도 품종을 블랜딩하거나 지역 포도 품종만으로 하거나 혹은 이 지역 포도와 일부 보르도 포도 품종을 블랜딩하는 등 D.O.C. 법에 따르지 않고 와인을 만드는 경우가 있다. 이런 부류의 와인을 수퍼 토스칸이라고 한다. 이 와인의 등급은 승격하여

사진 4 수퍼 토스칸 와인

D.O.C.가 된 와인도 있으나 대부분 Vino da Tavola 혹은 I.G.T. 등급이다. 현재 토스카나의 거의 모든 포도주 회사가 나름대로 좋은 와인을 만들어서 슈퍼 토스칸을 경쟁적으로 생산하고 있고 토스카나 이외의 지역에서도 이런 와인을 많이 만들고 있다.

대표적인 수퍼 토스칸 몇 가지를 알아보면 다음과 같다.

- 사시카이아Sassicaia D.O.C. Bolgheri
- 티냐넬로Tignanello
- 솔라이아Solaia
- 오르넬라이아Ornellaia D.O.C. Bolgheri

이 외에도 여러 제품의 수퍼 토스칸이 있으며 고가로 팔리고 있다.

5) 이탈리아의 유명 와인 회사

• Piemonte: Bersano, Luigicalissano & Figli, Pio Cesare,

Fontanafreda, Gaja, Fratelli, Gancia

- Lombardia: Cá del Bosco, Folonari, Casa Vinicola Nera, Enologica Valtellinese
- Trentino Alto Adige: Cávit, Alois Lageder
- Veneto: Bella, Bertani, Carpene Malvolti, Lamberti, Masi, Ponte, Cantina di Soave, Zonin,
- Friuli-Venezia Giula: Tenuta Angoris, Cantina Sociale del Friuli
- Emilia-Romagna: Corvin, Giacobazzi, Fattoria Paradiso, Riunite
- Toscana: Marchesi Antinori, Villa Banfi, Castelgfeve, Luigi Cecchi & Figli, Barone Ricasoli, Ruffino
- Umbria: Luigi Bigi & Figlio, Giorgio Lungarotti
- Marche: Fazi-Battaglia Titulas, Garofoli, Villa Pigna, Umani Ronchi
- Lazio: Fontana Candida
- Abruzzo: Casal Thaulero
- Campania: Casa d'Ambra Vini d'Ischia, Mastroberardino
- Puglia: Leone de Castris, Baroni Malfatti, Torre Quartro
- Calabria: Cappara & Siciliani Cantina Sociale Cooperative
- Sicily: Corvo, Regaleali
- Sardina: Cantina Marmilla, Sella & Mosca 등이 있다.

3. 스페인 와인

스페인은 포도 재배 면적이 세계에서 가장 크다. 그러나 포도 재배 지역의 표고가 높은 등 자연환경이 포도 재배에 어려운 여건이라 단위 면적당 와

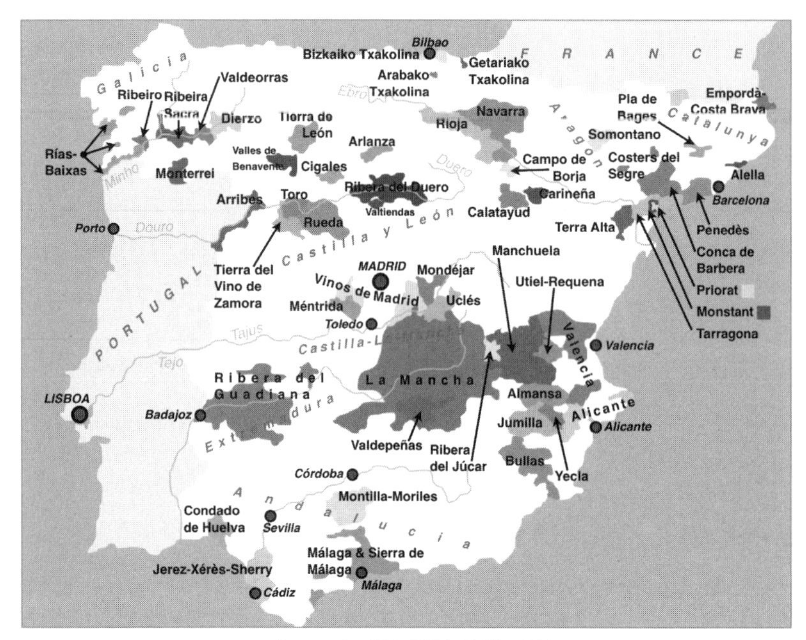

지도 7 스페인 와인 생산 지역

인의 생산량은 프랑스의 거의 1/3 수준으로 적다. 스페인에서도 자생 품종으로 와인을 많이 만들고 있다.

- 화이트 와인용 품종

  아리렌Airén, 알바리뇨Albarin~o, 마카베오Macabeo, 말바시아Malvasia, 모스카텔Moscatel, 팔로미노Palomino, 페드로 히메네즈Pedro Ximénez등.

- 레드 와인용 품종

  템프라니요Tempranillo, 가르나차 틴타Garnacha Tinta, 보발Bobal, 모나스트렐Monastrell 등.

최근에 들어 프랑스 품종들을 많이 재배하고 와인을 생산하고 있다.

1) 와인 생산 지역

- 그린 스페인Green Spain

  리아스 바이사스, 리베이라 시크라, 리베이로, 발데와스, 몬테레이, 비즈카이코 특사콜리나, 게타리아코 특사코리나

- 카스티야 이 레온Castile-Leon

  비에르조, 시갈레스, 리베라 델 두에로, 루에다, 토로

- 북중 스페인North Central Spain

  라 리오하, 나바라, 컬러티유드, 캄포 드 보르하, 칼리네나, 소몬타노

- 카탈루냐 & 발레아레스Catalonia & Balearics

  암뿌르단-코스타 브라바, 꽁까 드 바르베라, 꼬스테르스 델 세그레, 페네데스, 테라 알타, 프리오라토, 타라고나, 카바

- 레반트Levant

  알리칸테, 우티엘-르케냐, 발렌시아, 불라스, 후미야, 에크라

- 메세타Meseta

  비노 드 마드리드, 라만차, 맨트리다, 발데뻬나스

- 안달루시아 & 카나리아 제도Andalucia & Canaries

  콘다도 데 우엘바, 헤레스, 몬티야-모릴레스, 아보나, 린자로테

2) 와인 등급

- 최고급 와인 D.O.Ca(Denominaion de Origen Calificada)
- 고급 와인 D.O.(Denominacion de Origin)
- 중급 와인 Vino de la Tierra
- 대중 와인 Vino de Mesa

고급 등급 와인을 다시 구분하여 오크통에서 정해진 기간을 숙성한 경우 Reserva, 오크 숙성한 후에 정해진 기간 병 숙성을 한 경우 Gran Reserva 라고 한다.

3) 쉐리(Sherry)

스페인 남부 헤레즈 드 레 프론테라 지방에서 생산되는 강화 와인이다. 쉐리는 팔로미노Palomino, 페드로-히메네즈Pedro-ximenez와 무스카텔 틴토Muscatel Tinto 등 3 가지 품종의 포도를 사용하여서 양조한다.

쉐리는 포도를 압착해서 알코올 발효를 끝낸다. 이 와인을 오크통에 넣고 40~50일을 방치하면 효모의 일종인 flor가 와인의 표면에 회백색 막을 형성하여 공기를 차단하여 산화를 막아준다. 다음 알코올과 포도 주스를 첨가하여 500리터 오크통에 담아서 야외에 보관하여 서서히 산화시킨다. 솔레라solera 시스템으로 와인을 블랜딩하며 대체로 3년 이상 숙성시킨다. 숙성 기간에 따라서 쉐리의 등급이 경정된다.

4) 와인과 쉐리 생산 회사

- Rioja: AGE Bodegas Unidas, Bodegas Berberana, Bodegas Marqués de Cáceres, Bodegas Capo Viejo, CVNE, Bodegas Faustino Martiez, Bodegas Muga, Marqués de Murrieta, Bodegas Federico Paternina, La Rioja Alta, Vinos de los Herederos, Marqués de Riscal,
- Ribera del Duero: Bodegas Vegas Sicilia, Pingus
- Catalonia: Cordoniu, Freixnet
- Sherry: Pedro Doecq, Conzalez Byass, Bodegas Internacionales,

John Harvey & Sons, Emilio Lustau, Palomino & Vergara, Zoilo, Ruiz o Mateos

• SouthSpain: Bodegas Alvear, Scholtz Heranos 등이다.

4. 포르투갈 와인

기후와 포도원의 위치 등의 조건으로 포도의 생산량이 적어서 평균 생산량은 14hl/ha밖에 되지 않는다. 레드 와인은 59%, 화이트 와인은 41% 이고, 강화 와인인 포트와 마데이라는 약 8% 생산되고 있다. 여름에는 상당히 더우나 주야간 온도의 차이가 많아서 산도가 상당히 있는 좋은 와인이 생산된다.

• 화이트 와인 품종

Alvarinho, Arinto, Encruzado, Fernao Pires, Maria Gomes 등이 있다.

• 레드 와인 품종

Baga, Casteleo, Touriga Franca, Tinta Roriz, Trincadeira 등이 있다.

1) 와인 생산 지역

Vinho Verde, Trás-os-Montes, Porto & Douro, Tá vorra Varosa, Bairrada, Dao, Beira Interior, Lisboa, Tejo, Peninsula de Setúbal, Alenejo, Algarve, Acores, Madeira 등이 있다.

2) 와인 등급

- 고급 와인: DOC(Denominação de Origem Controlada)
- 중급 와인: IPR(Indicação de Proveniência Regularmentada)

지도 8 포르투갈 와인 생산 지역

- 대중 와인: VR(Vinho Trgional), VDM(Vinho de Mesa)

3) 포트(Port)

발효된 와인이 통에 포장되어 강을 따라 내려가서 하구의 오포르토Oporto 항에서 출하되었다고 하여 붙여진 이름으로 여러 가지 품종을 블랜딩하여 만든다.

포트의 제조는 수확한 포도를 파쇄 후에 발효하며 발효 온도는 약 32℃로 관리한다. 주스의 당도가 약 절반으로 줄어들어 알코올이 6~8℃ 정도가 되고 적당한 색상과 타닌이 되면 압착한다. 압착한 후에 와인(440리터)에 증류한 알코올(110리터)을 첨가하여 발효를 중단시켜 550리터 통(Pipe)에 담는다. 각 공장에서 1차 앙금 분리를 한 후에 포트는 대부분 Oporto 시 교외의 Vila Nova de Gaia에 옮겨지며 여기서 Port를 특성에 따라서 각 종류의 Port로 구분하여 숙성시킨다. 숙성의 정도에 따라서 포트의 등급이 결정된다.

4) 마데이라(Madeira)

모로코에서 640km 떨어져 있는 화산섬으로 높은 산이 많으며 포도원은 1,000미터 이상까지 조성되어 있다.

마데이라는 와인에 주정을 강화하여 600리터의 나무통에 담아서 에스투파Estufa라는 저장실에서 숙성시켜서 만든다. 숙성 기간에 따라서 마데이라의 등급이 결정된다.

5) 와인과 포트, 마데이라 생산 회사

Borges & Irmao SRL, J.M. da Fonsca, Sogrape

포트: Cockburn Smiths & Cia lda, J.&W. Graham & Co., Sandeman & Co. Lda, Silva & Cosens Ltd(DOW's Port), Smith, Woodhouse & Co., Lda, Taylor Gladgate & Yeatman

마데이라: the Madeira Wine Association, - Bland's Cossart Gordon & Co., Rutherford & Miles Lda, Leacock & co, Lomelino Lda

5. 독일 와인

와인 생산국 중에서는 가장 북쪽에 위치하며 북위 50도까지 포도를 재배하고 있는 것은 북대서양 난류의 간접 영향을 받은 덕택이다. 독일 남부지역은 상당히 넓은 평지와 구릉지에 포도원이 있으나, 독일은 포도가 완전히 익기 전에 추위가 오므로 기후 특성상 와인은 산도가 높고 알코올은 좀 낮고 맛이 산뜻하다.

따라서 독일에서는 화이트 와인이 많이 생산되고 유명하다. 와인은 단일 포도 품종으로 고급 와인을 만들고 있다. 유럽의 라틴 계통의 나라들과는 다르게 고급 와인은 특정 지역에서 생산되는 것이 아니고 어느 지역이든지 포도의 당도에 따라서 와인의 등급이 결정된다.

- 화이트 와인용 품종
  리스링Riesling, 뮐러-투르가우Müller-Thurgau, 실바너Silvaner, 케르너Kerner, 쇼이레베Scheurebe 등이 있다.
- 레드 와인용 품종
  슈패트부르군더Spätburgunder, 포르투기저Portugieser, 트롤링거Trollinger, 도른펠더, 슈바르츠 리스링, 렘베르거 등이 있다.

1) 와인 생산 지역

Ahr, Mittelrhein, Rheingau, Nahe, Mosel, Rheinhessen, Pfalz, Hessische Bergstrasse, Franken, Baden, Würtemberg, Saale-Unstrut, Sachsen

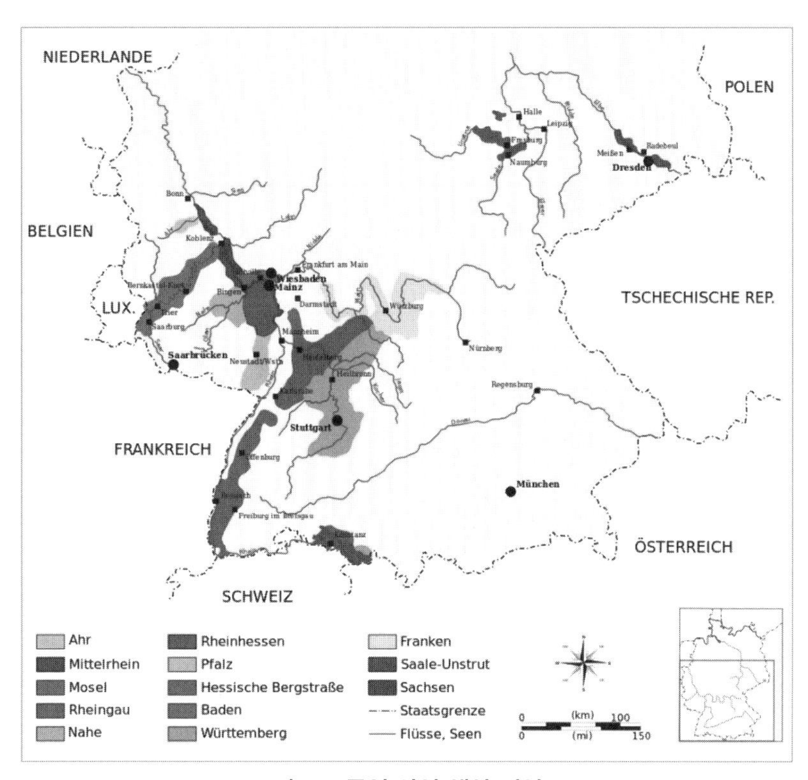

지도 9 독일 와인 생산 지역

2) 와인 등급

- 고급 와인: Q.m.P.Qualitätswein mit Prädikat

  *트로켄베렌아우스레제Trockenbeerenauslese, · 아이스바인Eiswein

  *베렌아우스레제Beerenauslese

  · 아우스레제Auslese, · 쉬패트레제Spätlese

  *카비네트Kabinett

- 중급 와인: Q.b.a.Qualitätswein bestimmter anbaugebiete
- 대중 와인: Tafelwein

3) 유명한 와인 생산 회사

- 라인가우: Schloss Johanisberg, Schloss Vollards, Schloss Schönborn, Schloss Reinharthausen, Prinz von Hessen, Graf von Kanitz, Kloster Eberbach, Weingut Robert Weil 등이 있다.
- 모젤: Bischofliche Weingüter Trier, Weingut Deinhard, Weingut Egon Müller, Weingut Joh. & Jos. Prüm, Weingut Dr. Tanisch, Dr. Heinz Wagner, Zentralkellerei Mosel 등이 있다.
- 헤센: Gunderloch, Louis Guntrum, Freiherr Heyl zu Herrnsheim, Rappenhof Dr. Muth, Dr. Reinhart Muth, Jean Buscher 등이 있다.
- 팔츠: Dr. von Bassermann Jordan, Friedrich Becker, St. Lamprecht, Reichsrat von Buhl, Dr. Bürklin Wolf, Müller Catoir 등이 있다.
- 프랑켄: Juliusspital, Bügerspital zum Heiligengeist, Rudolf Fürst, Schloss Sommerhausen, Hans Wirschung 등이 있다.
- 바덴: Dr. Heger, Karl H. Johner, Franz-Keller-Schwarz Adler, Zentralkellerei Badischer Winzergenossenschaften 등이 있다.
- 뷰템베르그: Graf Adelmann, Gerhard Aldingen, Ernst Dautel, Drautz Able, Schlossgut Hohenbeilstein, Staatsweingut Weinsberg 등이다.

6. 오스트리아 와인

오스트리아의 왼쪽은 알프스로 포도원이 없고 동쪽에 경사지와 평야 쪽에 포도원이 조성되어 있다. 포도 성장 기간 동안 여름은 덥고 길며, 가을은 주야간 온도 차이가 많은 대륙성 기후이다.

• 화이트 와인용 품종

Grüner Veltlina, Rhein Riesling, Weissburgunder, Chardonnay 등이 있다.

• 레드 와인용 품종

Blau Zweigelt, Blaufräkisch, Blauer-Portuguiser 등이 있다.

1) 와인 생산 지역

• Lower Austria: Wachau, Kremstal, Kamptal, Treisental, Wagram, Weinviertel, Carnuntum, Thermenregion

• Burgland: Neusiedlersee, Neusiedlersee-Hügelland, Mittelburgenland, Südburgenland

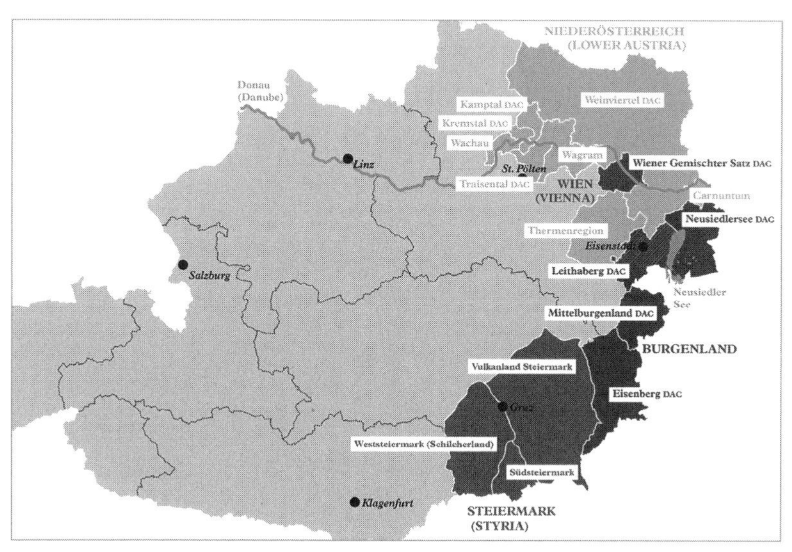

지도 10 오스트리아 와인 생산 지역

• Vienna

• Styria: Sudoststeiermark, Südsteiermark, Weststeiermark

2) 와인 등급

오스트리아의 와인 등급은 독일과 비슷하나 조금 다르다.

- 고급 와인: Prädikatswein

  트로켄베렌아우스레제Trockenbeerenauslese TBA,

  아우스브루크Ausbruch

  스트로바인Strohwein

  아이스바인Eiswein

  베렌아우스레제Beerenauslese

  아우스레제Auslese

  슈패트레제Spätlese

- 중급 와인: Qualitäswein

  카비네트Kabinett

  란트 바인Landwein

- 대중 와인: Tafelwein

3) 유명한 와인 생산 회사

Weingut Georgiberg, Trippel, Weingut Umathum, Fritz Wieninger, Weingut Gesellmann, Weingut Franz Hirtzberger, Weingut Kollwentz, Weingut Josef Lust, Lenz Moser, Weingut Schwamberg, Klosterkellerei Siegendorf, Sclosskellerei Uhlhei

■ New World Wines

와인 산업에서는 유럽을 올드 월드Old World라고 부르고 그 이외의 대륙 등을 뉴 월드New World라고 부른다. 즉 북미, 남미, 호주, 아프리카, 아시아 등의 와인 생산하는 나라들을 뉴 월드라고 말한다. 유럽에서는 나라별로 자연 환경에 잘 재배되는 품종들을 지역별로 재배하고 있으나 뉴 월드에서는 대부분의 나라들과 지역들에서 유럽에서 유명한 양조용 포도 품종들을 재배하고 있어서 나라별, 지역별 재배하고 있는 품종들이 다 비슷비슷하다.

뉴 월드에서는 유럽과 같이 와인의 생산하는 지역을 중시하는 와인의 문화가 아니다. 다만 현대적인 와인 양조 기술들로 단일 품종들로 좋은 와인을 만드는 데 주력하고 있다.

뉴 월드에서 고급 와인Varietal Wines은 단일 품종으로 잘 양조하여 상표에 그 품종 이름을 기재한다.

대중 와인Generic Wines은 여러 품종을 블랜딩해서 상표에는 품종 이름을 기재하지 않고 회사별로 정한 브랜드명을 적는 와인이다. 고급 와인은 다시 탱크 숙성한 것과 오크 통에 숙성한 와인으로 구분하고 있다.

7. 미국(U.S.A.) 와인

중세에 신대륙을 발견하고 이주가 시작된 곳이 미국이기 때문에 뉴 월드에서 와인의 역사는 미국이 가장 먼저이다. 미국의 동부에서부터 미국 와인의 역사가 시작되었으나 유럽에서 가지고 간 양조용 포도 품종들은 이 지역의 겨울철 혹한에 모두 얼어 죽었고 또 그 지역에서 자생하던 포도로 와

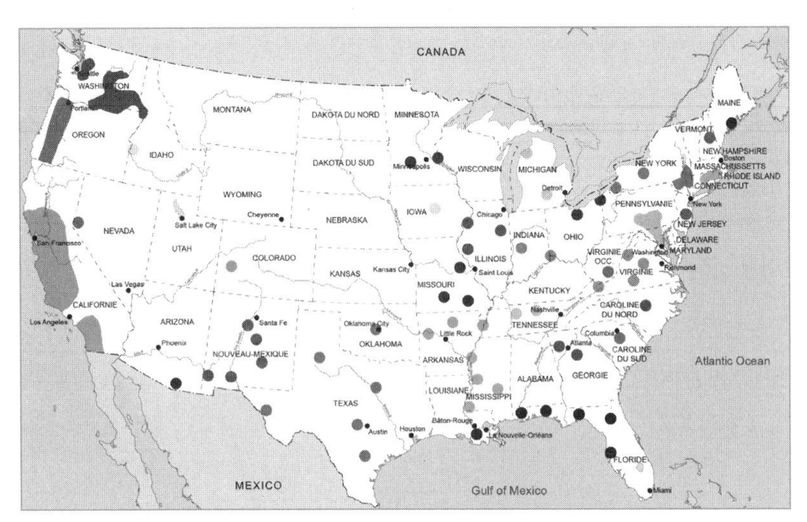

지도 11 미국 와인 생산 지역

인을 만들어보았으나 좋지 않은 향이 나서 와인으로 만들 수가 없었다. 따라서 이민 초기에는 유럽에서 와인을 운반해 와서 마실 수밖에 없었다.

이주민들이 멕시코 쪽으로 내려갔다가 노다지 금광을 찾으러 미국의 서부로 이동하면서 온화한 캘리포니아의 기후에서 유럽 포도를 재배하여 와인을 만들기 시작하였으며 미국 와인 산업이 본격적으로 발전하게 되었다.

미국은 현재 세계에서 가장 큰 와인 소비국이다. 미국은 자연 환경이 포도재배에 적합해서 미국 전역에서 와인을 생산하고 있는데 알래스카에서만 와인이 생산되지 않고 있다. 캘리포니아 주에서 미국 전체에서 생산되는 와인의 약 85%를 생산하고 있으며 오리건, 워싱턴 주 등 서부의 3개주에서 거의 대부분의 와인을 생산하고 있다. 동부의 뉴욕 주에서도 와인을 생산하고 있으며 이곳은 추운 날씨 때문에 유럽 품종을 재배하지 못하고 유럽 품종과 미국 자생품종 간의 교잡종들 중에서 겨울철 추위에 잘 견디고 향이 우아한 품종들만이 재배되고 있다.

• 서부 지역에서는 유럽의 유명한 품종들이 많이 재배되고 있다.

화이트 와인용 품종

샤르도네, 프랜치 꼴롱바, 쉐닝 블랑, 소비뇽 블랑, 삐노 그리, 리스링 등이 있다.

레드 와인용 품종

까베르네 쇼비뇽, 메르로, 진판델, 삐노 누아, 시라, 바르베라, 그르나슈 등이 있다.

• 동부 지역에서 재배되고 있는 포도 품종들은 유럽 품종인 Vitis Vinifera와 미국 자생 포도인 Vitis Labrucsa 등의 교잡종Hybrid들을 재배하고 있다.

화이트 품종: 오로라Aurora, 케유가Cayuga, 라바트Ravat, 세이블 블랑Seyval Blanc, 비달 블랑Vidal Blanc 등

레드 품종: 바코 누와Baco Noir, 캐스케이드Cascade, 챈슬러Chancellor, 첼로이Chelois, 라바트 누와Ravat Noir등이다.

1) 와인 생산 지역

• 캘리포니아 주

North Coast

Napa(Howell Mountain, Oakville, Stags Leap, Rutherford, St. Helena, Yountville)

Sonoma(Russian River Valley, Dry Creek, Chal Hill, Knight Valley, Alexander Valley)

Mendocino, Lake County, Caneros

Central South Coast - Livemore, Santa Clara, Monterey, Santa Cruz

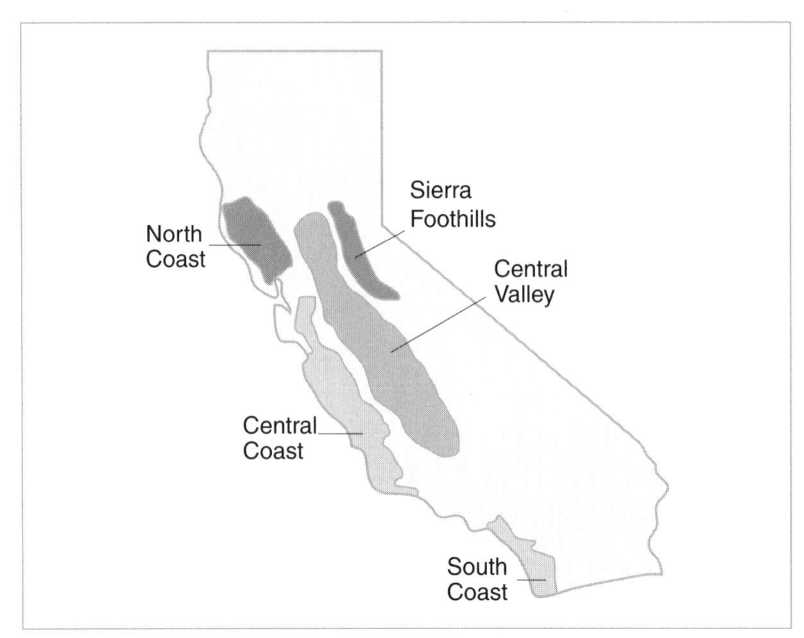

지도 12 캘리포니아 와인 생산 지역

Central South Coast - San Luis Obispo, Paso Robles, Santa Barbara

South Coast - Malibu, Temecula, San Diego

Central Valley - Sacramento, Yolo, San Joaquin, Fresno, Sierra Foothills

• 워싱턴 주

Columbia, Puget Sound, Yakima, Walla Walla

• 오리건 주

Willamette, Umpqua, Rogue, Snake River, Columbia, Columbia Gorge

• 뉴욕 주

Cayuka Lake, Seneca Lake, Keuka Lake, Bully Hill

2) 유명한 와인 생산 회사

캘리포니아

- 소노마 밸리

  Alexander Valley, Arrowood, Buena Vista, Benziger, Beringer, Fisher Wedding, Laurel Glen, Geyser Peak, Iron Horse, Jordan, Foppino, Kenwood, St. Francis, Ch. Souverain, Stonestreet, Clos du Bois, Dry Creek, De Loach, Glen Ellen, Haywood, Ch. St. Jean, Sebastiani 등

- 나파 밸리

  Caymus, Colgin Lamb, Dominus, Dunn, Fisher, Flora Spring, Joseph Phelps, Silver Oak, Diamond Creek, Franciscan, Heitz, Beringer, Robert Mondavi, Clos Pegas, Merryvalle, Stag's Leap, Clos du Val, Far Niente 등

- 카네로스

  Buena Vista, Cline, Domaine Carneros, Domaine Chandon, Gloria Ferrer, Richardson, Sebastiani

- 북중해안

  Bonny Doon, Chalone, Concannon, Durney, Edmund St. John, Paul Masson, Mirassou, Monterey, Ridge, Ivan Tamas, Wente Bros.

- 남중해안

  Au Bon Climat, Byron, Cambria, Chimere, Fire Stone, Kristone, Lane Tanner, Qupé, Sanford, Santa Barbara

- 시에라 푸트힐

  Boeger, Lava Cap, Renaissance, Iron Stone, Sierra Vista,

Shenandoah, Amador Foot Hill

- 센트럴 밸리

  세계에서 가장 큰 포도주 공장인 E&J Gallo winery를 위시하여 Franzia, Delicato, Bronco, Heublein, Papagni, Gibson, The Wine Group 등의 대형 회사들이 있다.

그 외에 미국 와인 업계에서 인정하는 최고급 와인을 생산하는 부띠끄 회사들로 주로 나파 밸리에서 와인을 생산하고 있다.

- 미국 최고의 와인들인 컬트 와인Cult wine (평가자에 따라 다를 수 있음)

  아로호Araujo, 브라이언트 패밀리Bryant Family, 콜진Colgin, 달라 벨르Dalla Valle, 그레이스 패밀리Grace Family, 하란 에스테이트Harlan Estate, 마르카신Marcassin Sonoma, 쉬래더 셀러Schrade Cellar, 스크리밍 이글Screaming Eagle, 신 쿠아 논Sin Qua Non 등

- 다음의 최고 와인들로 평가되는 부띠끄 와인들

  Joseph Phelps Cabernet Sauvignon - Insignia, Opus One, Plump Jack Cabernet Sauvignon Reserve, Stag's Leap Cabernet Sauvignon Cask 23, Viader Cabernet Sauvignon, Abreu Cabernet Sauvignon - Madrona Ranch, Caymus Cabernet Sauvignon Special Selection, David Arthur Cabernet Sauvignon Elevation 1147, Fisher Cabernet sauvignon Wedding Cuvee, Hartwell Cabernet Sauvignon Grace Vineyard, La Sirena Cabernet Sauvignon, Pahlmeyer Cabernet Sauvignon, Vineyards 29 Cabernet Sauvignon, Heitz Marthás Vineyards Cabernet Sauvignon, Grace vineyards Cabernet

Sauvignon

- 오리건 주

Domaine Drouhin, Adelsheim, Bethel Heights, Forgeron, Henry Estate, Oregon Cellars, Rex Hill, Panther Creek, Ponzi, St. Innocent, Ken Wright 등

- 워싱턴 주

Canoe Ridge, Canyon, Columbia Crest, Gordon Brothers, Hedges, Leonetti, Preston Cellars, Quilceda Creek, Station Hill, Paul Thomas, Chateau St. Michelle, Waterbrook, Washington Hill 등

- 뉴욕 주

Canandaigua, Taylor Wine, Great Western, Gold seal, Fox Run, Dr. Kostantin Frank, Brotherhood, Lamoreaux Landing, Wagner, Three Brothers, Benmarl, Warwick Valley, Spring Lake, BullyHill, Red Newt, Ch. Franc 등

8. 칠레 와인

칠레는 와인 산업이 다른 나라보다 늦게 발전하였으나 외국 자본의 투자로 포도밭과 포도주 공장이 현대적인 기술로 대규모로 건설되어 국제적으로 경쟁력이 있는 와인을 생산할 수 있었다. 세계 와인 시장에서 칠레 와인은 저렴한 가격과 좋은 품질로 환영을 받고 있다.

칠레는 국토는 폭은 좁고 길이는 약 4,200km 이며 그중 포도재배 적지는 약 1,400km나 된다. 왼쪽은 태평양 바다의 영향을 받아서 낮에는 선선

하고 오른 쪽에는 해발 5,000~6,000미터의 안데스 산맥이 있어서 밤에 산에서 내려오는 찬 바람으로 야간 온도는 뚝 떨어져서 포도 재배에 아주 좋은 기후이다. 세계 모든 와인 생산국들이 부러워하는 자연 환경에서 거의 모든 유럽의 유명한 포도 품종을 모두 재배하고 있다.

- 화이트 와인용 품종

  Sauvignon Blanc, Muscat Alexandria, Chardonnay, Semillon, Riesling, Chenin Blanc 등이 있다.

- 레드 와인용 품종

  Cabernet Sauvignon, Merlot, Carignan, Malbec, Pinot Noir, Carmenere, Syrah, Cinsault, Cabernet Franc, Zinfandel, Sangiovese, Petit Verdot 등이 있다.

지도 13 칠레 와인 생산 지역

1) 와인 생산 지역

- 이티키미Atacama: 발레 드 코피아노Valle de Copiano, 발레 델 후아스코Valle del Huasco
- 코킴보Coquimbo: 발레 델 엘키Elqui, 발레 델 리마리Limari, 발레 델 초아파Choapa
- 아콩카구아Aconcagua: 발레 델 아콩카구아Aconcagua, 발레 데 카사블랑카Casablanca,
- 발레 델 센트럴Valle del Central: 발레 델 마이포Maipo, 발레 델 라펠Rapel, 발레 드 쿠리코Cutico, 발레 델 마울레Maule
- 수르Sur: 발레 델 이타타Itata, 발레 델 비오비오Bio-Bio

2) 유명한 와인 생산 회사

- 아콩카구아: Errázuriz, Gracia, Porta 등
- 카사블랑카: Errázuriz, Sen~a, Casa del Bosque 등
- 마이포: Vinedo Chadwick, Vin~a Casablanca, Cousino Macul, Quebrada de Macul, Santa Calorina, Santa Emiliana, Almaviva, Concha y Toro, Canepa, Carmen, Santa Rita, Santa Ema, Undurraga, Dona Javiera, TerraMater, Santa Ines, Trapaca~ Ex Zavala 등
- 라펠: Santa Monica, Santa Amalia, Larose, Corpora, Torreón de Paredes, Marande~, Casa Silva, Lapostolle, La Rosa, San Miguel del Huique, Caliterra, Los Vascos, Bisquertt, Montgras, Santa Laura, Viu Manent, Cono Sur 등
- 쿠리코: Montes, Miguel Torres, La Fortuna, Hacienda el Condor,

Valdivieso, San Pedro, Echeverria 등

- 마울레: Agricola Salve, Terranoble, J. Bouchon y Compania, Tabontinaja, Rucahue, Balduzzi, Cremaschi, el Aromo, Carta Vieja, Segu~ Ollé 등
- 비오비오: Calina Cuzco, Vina del Alba, Vinedos del Itata, Nueva Aldea, Casas de Giner, Carpe Diem, Bulnes, Gracia, Porta, Cono Sur 등

9. 아르헨티나(Argentina) 와인

아르헨티나는 와인 생산량이 세계 5위로 많다. 그러나 와인 소비량도 세계 7위로 많아서 수출할 물량이 많지 않다. 아르헨티나는 칠레와는 다르게 국토의 왼쪽에 안데스 산맥의 5,000~6,000미터의 산들이 있으나 오른쪽은 평야가 있어서 숙성 기간 중 낮에는 온도가 높고 밤에는 온도가 많이 낮아진다. 유럽의 많은 양조용 포도들을 재배하여 와인을 만들고 있다.

- 화이트 와인 품종

  Pedro Gimenez, Torrontes Riojano, Muscatel, Chenin Blanc, Chardonnay, Semillon, Sauvignon Blanc 등이 있다.

- 레드 와인 품종

  Malbec, Cabernet Sauvignon, Tempranillo, Syrah, Merlot, Sangiovese, Barbera, Cabernet Franc 등이 있다.

1) 와인 생산 지역

아르헨티나 포도재배 면적의 약 70%를 차지하는 멘도자를 위시하여 산

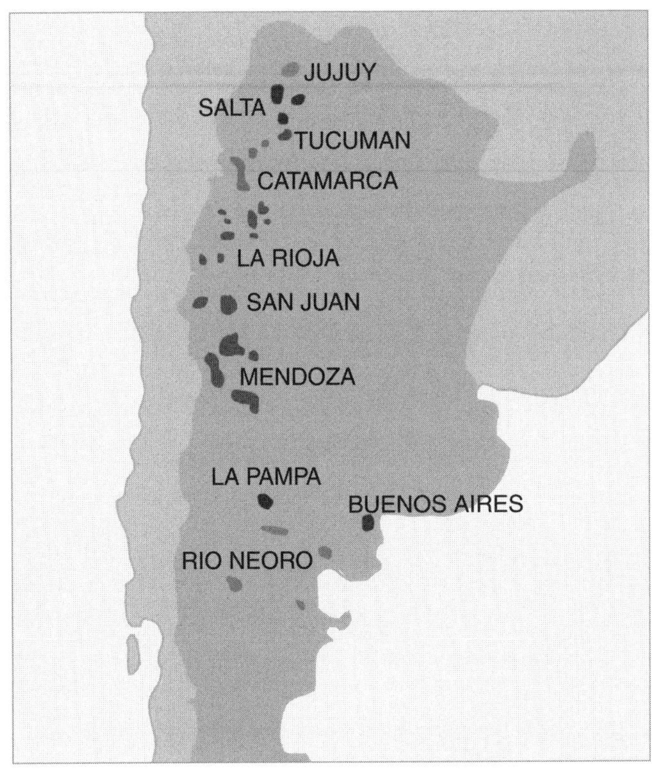

지도 14 아르헨티나 와인 생산 지역

후안, 라 리오하, 살타, 카타마르크카, 리오 니그로 등이 있다.

2) 유명한 와인 생산 회사

Fecovita, Penaflor, Baggio, Esmelarda, Santa Maria, Michel Torino, Michel Torino, Huberto, La Riojana, Saint Remy, Santa Ana, Trapiche, San Telmo, Bianchi, Caneta, Chandon, Echart, Finca Flichman, Antonio Gonzáles, la Celia, Lavaque, Lopez, Luis Segundo Correas, Norton, Trivento, Vinas de Medrano, Humberto Canale 등이 있다.

10. 호주(Australia) 와인

호주는 기후가 온화하여 포도 재배에 좋은 나라이다. 와인 생산량은 2015년 세계 7위이나 소비는 세계 10위의 나라로 생산 와인의 절반 정도를 수출하고 있다.

- 화이트 와인 품종

  Chardonnay, Riesling, Semillon, Sauvignon Blanc, Colombard, Trebbiano, Chenin Blanc 등이 있다.

- 레드 와인 품종

  Cabernt Sauvignon, Cabernet Franc, Shiraz, Pinot Noir, Merlot, Grenache 등이 있다.

1) 와인 생산 지역

호주는 여러 주에서 와인이 생산되고 있다. 사우스 오스트레일리아, 빅토리아, 뉴 사우스 웨일스, 웨스턴 오스트레일리아와 태즈매니아 주 등이다.

- 사우스 오스트레일리아South Australia

  Adelaide Hills, Barossa Valley, Clare Valley, Coonawara, Eden Valley, Langhorn Creek, McLarenn Vale, Padthaway, Riverland, Southern Fleurieu, Wrattonbully

- 빅토리아Vicoria

  Alpine Valley, Beechworth, Goulburn Valley, Grampians Valley, Henty, Heathcote, Mornington Peninsula, Pyrenees, Rutherglen, Strathbogie, Yarra Valley, King Valley 등이 있다.

- 뉴 사우스 웰일스

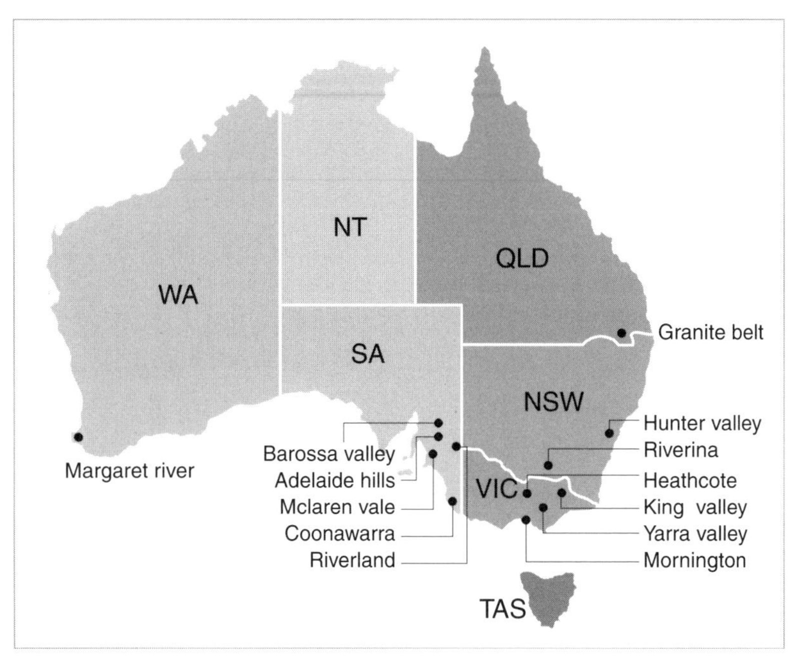

지도 15 호주 와인 생산 지역

Hunter Valey, Mudgee, Orange, Riverina, New England, Southern Highland, Shoalhaven Coast,

• 웨스턴 오스트레일리아

Great Perth: Perth Hills, Peel, Swan Valley

South Western Australia: Blackwood Valley, Geographe, Manjimup, Margaret River, Pemberton, Great Southern, Albany, Denmark, Frankland River, Mount Barker, Prolongurup

• 태즈매니아

Tamar Valley, Derwent Valley, Huon Valley, Coal River, Piper Valley, East Coast

2) 유명한 와인 생산 회사

- Accolade Wines: Hardy, Stanley, Knappstein, Houghton, Tatachilla, Leasingham, Croser, Banrock, Berri, Brookland Valley, Echo Falls, Goundrey, Grant Burge, Kumula,St. Hallett, Vina Anakena.
- Treasury Wine Estate: Penfolds, Lindeman's, Pepper Jack, Rawon's Retreat, Rosemont, Wolf Blass, Wynn Coonawaa, Walking Dead, Yellowglen, Melala, Coldstream Hill, Devil's Lair, Sattram, Seppelt, St. Huberts
- Casella Family Wine: Yellow Tail, Brand's Laira, Peter Lehmann, Young Brute, Morris of Rutherglen
- Pernod Richard: Jacob'sCreek, Wyndham, Richmond Groves, Gramps Poets Corner, Russel Rudge, Jacaranda Ridge, Lawson's Morris
- Australia Vintage: McGuigan, Miranda, Tempus Two, Nepenthe, Passion Pop
- Kingston Estate: Echelon, Kingston
- 그 외의 회사들: De Bortoli, Xilzie, Warnburn, Qualla Wines, McWilliam's, Andrew Peace, Yalumba Wines, Byrne Wines, Idyll Wines, Angove Family, Calabria Family, Milawa, Selena, Berton, Tahbilk Group, Talors, Nugen 등이 있다.

11. 뉴질랜드(New Zealand) 와인

뉴질랜드는 바다의 영향을 많이 받아서 선선한 기후로 화이트 품종과 삐노 누아 포도가 잘 재배되고 있다. 근래에 들어서 포도밭을 많이 확장하여 와인의 생산량이 늘어났다. 인구가 적어 국내 소비량이 많지 않아 수출에 주력하고 있다.

- 화이트 와인 품종

  Sauvignon Blanc, Chardonnay, Riesling, Viognier, Semillon
- 레드 와인 품종

  Pinot-Noir, Merlot, Syrah, Malbec,Tempranillo

1) 와인 생산 지역

- Auckland: Waiheke Island, Kumeu, Matakana
- Gisborne
- Hawkés Bay
- Wairarapa: Martinborough
- Nelson
- Marlborough
- Canterbury: Waipara Valley
- Waikaki Valley
- Central Otago

2) 유명한 와인 생산 회사

Villa Maria, Montana, Nobilo, McWilliams, Corbans, Te Mata, Pegasus, Miltton, Mission, Highfield, Hunter′s, Rippon, Bran Cott, Babich, Bushmere, Mumeu River, Trinity Hill 등이 있다.

12. 남아프리카공화국(South Africa)

남아공의 대서양과 인도양의 영향을 받는 지역에서 와인이 생산되고 있는데 이들 지역은 대부분 지중해성 기후와 비슷하다. 여름에는 햇볕이 강하여 덥고 건조하나 겨울에는 선선하고 습하다. 비는 주로 겨울에 오고 포도 숙성기에는 건조하여 포도 재배에 적당한 기후이다.

• 화이트 와인 품종

Chenin Blanc, Colombard, Sauvignon Blanc, Chardonnay, Semillon

• 레드 와인 품종

Cabernet Sauvignon, Shiraz, Pinotage, Merlot, Pinot Noir 등이 있다.

1) 와인 생산 지역

• Western Cape

Boberg: Paarl, Franschhoek Tulbagh

Breede River Valley: Breedekloof, Robertson, Worcester,

Cape South Coast: Cape Agulhas, Overberg, Plettenberg Bay, Swellendam, Walker Bay

Coastal Region: Cape Peninsula, Darling, Franschhoek Valley, Paar, Stellenbosch, Swartland, Tulbagh, Tygerberg, Wellington

Klein Karoo: Calitzdorf, Langeberg-Garcia

Olifant River: Citrusdal Mountaine, Citusdal Valley, Lutzville Valley

• Northern Cape: Douglas and Sutherland-Karoo

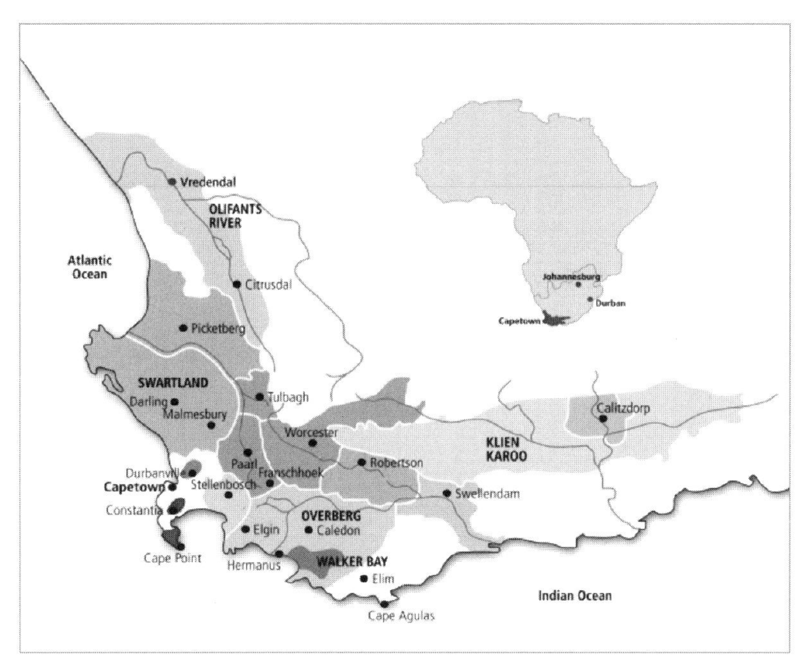

지도 16 남아공 와인 생산 지역

2) 유명한 와인 생산 회사

KWV, Stellenbosch Farmers winery, Nederberg, Boschendal, Bergkelder, Sadie family, Kanonkop, Chmonix, Cape Point, Vergelegen, Tokara, Jordan, DeMorgenzen, Hamilton Russell, Ken Forester, Rustenberg, De Trafford, Meerlust, Neil Ellis 등이 있다.

13. 한국의 와인

프랑스, 이탈리아, 스페인과 독일 등 나라들의 와인과 와인의 역사를 공부하는 학생들은 많다. 그러나 정작 우리나라의 와인의 역사에 대해서는 아는 사람들은 별로 없다. 소믈리에는 자세히는 아니더라도 우리나라의 와인 역사에 대해서 알고 있는 것이 필요하므로 한국의 와인 역사와 현황을 간략히 기술하겠다. 우리나라 와인의 역사는 고대, 근대와 현대로 구분해 볼 수 있다.

1) 한국 와인의 고대사(해방 이전 와인의 역사)

이 시대는 다른 주류에 관한 기록들은 제법 많이 찾을 수 있으나 와인에 관한 자료는 찾기 어렵다. 우리나라에 특별히 드러나는 와인의 역사가 없기 때문일 것이다. 중국의 경우를 보면 중국은 오랜 와인의 역사를 가지고 있다. BC 2 세기경부터 포도를 재배하고 와인을 생산하여 마셔왔고 특히 귀족 사회에서는 아주 귀한 물품으로 취급되었다는 기록이 있다. 중국과 교류가 많았던 우리나라에서도 포도 재배는 하지 않았다고 하더라도 와인이 오래전부터 중국에서 전래되었을 것으로는 추측이 된다.

그러나 와인에 관한 기록이 많지 않다. 고려 충렬왕에게 중국 원나라 세조가 포도주를 하사했다는 기록이 있고 충숙왕이 몽고의 공주를 맞아들일 때에 원나라 황제가 하사한 포도 씨를 심었으나 당시에 포도 재배 기술을 몰라서 재배에 실패하였다는 정도로만 알려지고 있다.

조선 시대에는 국내에서 일부 포도가 재배되고 와인이 양조되었을 것으로 추측이 되나 언제부터 포도를 재배하여서 와인을 만들었는지는 알려지지 않고 있다. 인조 때 호조 판서인 김세렴이 대마도 도주와 포도주를 마셨다는 이야기가 있고 효종 때에는 하멜이 표류해오면서 네델란드에서 적포도주를 가지고 왔다고 알려지고 있다. 1866년 독일 상인인 오펠트가 포도주와 샴페인을 들여왔다고 알려지고 있고 구한말 기독교 선교사들이 입국하면서 와인 문화가 전래되었을 것으로 추측된다. 특히 미사 등으로 와인의 수요가 많은 천주교에서 초기에는 유럽에서 와인을 가지고 와서 사용하였으며 이때에 사용하였던 오크통들이 오래된 수도원 등에서 발견되고 있다. 그 이후 신부들과 수도원의 수사들에 의해서 수도원 인근에 포도를 재배하고 와인을 양조한 것으로 추정이 된다.

이웃 일본에서는 일찍 서양에 신사유람단을 보내어 서양의 문물을 도입하면서 포도와 와인 산업도 돌아보고 왔기 때문에 1875년에 이미 포도 재배를 많이 하였다. 따라서 일제 강점기에 일본인들이 우리나라에 묘목을 가지고 와서 포도를 재배하고 상당히 많은 와인이 생산되었던 것으로 알려지고 있다. 1918년 경북 포항, 지금의 비행장 자리에 포도원을 조성하고 적포도주인 "아카다마"라는 와인을 생산했다고 알려지고 있어서 우리나라에서 대량으로 포도를 재배하게 된 것은 일제 강점기 때부터 인 것으로 알려지고 있다.

2) 한국 와인의 근대사(해방 이후부터 1970년 중반까지 국산 와인의 역사)

이 기간은 해방 이후에 과실주를 생산한 전반기와 본격적으로 국내에서 재배한 포도로 국산 와인을 생산했던 후반기로 구분을 할 수 있다.

① 전반기

이 기간은 우리나라가 대단히 가난했던 시기로 우리나라의 경제가 발전하기 전의 시기이다. 이 시기에는 외환 사정이 좋지 못하여서 정부에서 모든 주류의 수입을 일체 허가하지 않았기 때문에 와인이 정상적으로 수입되지 않았다. 또 국산 와인의 생산도 거의 없었다. 관광호텔에서는 와인을 취급하였는데 이는 관광호텔협회에서 회원사들의 와인 수요량을 파악하고 협회 차원에서 수입하여 각 호텔로 배정하였으며 각 호텔에서는 외국인들을 상대로 와인을 판매하였다. 그러나 이 시기에도 관광호텔 이외의 시중 경양식 식당에서 가끔 외국 와인을 취급하기도 하였는데 이 와인들은 정상으로 수입된 것이 아니고 대부분 미군부대의 PX에서 흘러나온 부정 주류들이었다. 또 일반인들 중에서도 미제 아줌마들을 통해서나 혹은 도깨비시장 등에서 와인을 어렵게 구할 수는 있는 시기이었다.

이 당시에 포도가 아닌 과일로 만든 과실주는 몇 회사에서 생산되고 있었다. 전국에서 사과가 가장 많이 생산되던 대구의 동촌에 소재한 파라다이스㈜에서 1969년 사과로 애플 와인인 '파라다이스'가 생산되어서 서울의 젊은이들 사이에서 상당한 인기가 있었고 또 대구 인근 경산에 있던 태양주조에서도 '태양사과주'를 생산하였다. 저자가 대구와 경산에 있던 이들 2개 공장을 견학한 일이 있는데 공장들의 생산 시설이 제대로 구비되어 있지 않아서 생산된 제품의 컬러가 금방 갈색으로 변하고 산화취가 많은 술이었으나 당시에는 꽤 인기가 많은 술이었다. 또 수원의 서울농대 인근에서 딸기가 많이 생산되었다. 여기에서는 딸기로 만든 '그린존'이란 딸기 와인이 생산되었다.

1975년경 서울농대 인근의 딸기주 공장을 방문해본 일이 있었는데 딸기를 발효하고 술을 만든 뒤에 병에 담아 살균을 위하여 큰 솥에 물을 데우고 그 속에 병을 담가서 살균을 하는 등 고전적 방법으로 술을 만들고 있었다. 컬러도 금방 변하고 맛도 산화취와 열처리 향이 많이 나는 술이었다. 이 기간 중에는 주로 막걸리와 소주들이 많이 소비되던 시대라 과실주의 문화가 형성되지 못하여서 음주가들의 큰 관심은 받지 못하였다.

순수하게 포도로 만든 국산 와인의 역사를 보면 1968년 현재 농수산물유통공사의 전신인 농어촌개발공사가 일본의 와인메이커인 산토리㈜와 합작으로 한국산토리주식회사를 설립하였다. 일본 산토리의 기술지도하에 대전시 월평동의 공장에서 선리 포트, 선리 로제, 판 포트 등의 와인을 생산하였는데 이 와인이 한국에서 상업적 처음 생산된 국산 와인이다. 한국산토리㈜에서 생산한 와인과 브랜디는 판매가 부진하였고 이로 인한 경영의 어려움 때문에 농어촌개발공사는 이 회사를 1973년 해태주조㈜에 매각하였다. 이 회사를 인수한 해태주조㈜에서는 1974년부터 해태노블 와인을 생산하였다.

② 후반기(국산 와인의 전성기)

1970년대 중반 양식이 부족하여 보릿고개 때에는 많은 사람들이 굶주리고 있는 때이었는데 곡류로 막걸리와 소주를 만들고 있는 것을 알게 된 박정희 대통령께서 곡류는 모두 양식으로 사용하고 곡류가 아닌 것으로 술을 만들어서 국민들이 마시도록 하라고 지시하였는데 이에 따라 나온 정책이 바로 '국민주개발정책'이었다. 이 정책의 요지는 토질이 비옥한 평지에는 곡류를 심어서 양식으로 사용하고 야산 등지의 척박한 곳에는 곡류가 아닌 것을 심어서 술을 만들자는 것인데 이때 찾아낸 것이 바로 포도주이었다. 포도는 평지가 아닌 야산이나 하천부지 등의 척박한 땅에서도 좋은 와인이 생산되므로 국민주로 안성맞춤이었다.

이런 정부 정책에 참여한 회사가 동양맥주㈜, 해태주조㈜, 백화양조㈜이었다. 1973년을 전후로 동양맥주㈜는 경북 청하, 흥해, 경남 밀양에 포도원 약 50만 평을 조성하였고, 해태도 1974년 전남 나주에 100만 평의 포도원을 조성하였다. 백화도 전북 김제에 포도원 10만 평을 조성하여서 와인을 생산하였다.

동양 맥주㈜는 1976년 독일에서 최신 설비를 도입하여 포도주 공장을 건설하여 1977년부터 '마주앙'을 생산하였는데 초기에는 판매에 많은 애로가 있었으나 와인 애호가들과 특히 공무원들이 많이 홍보해주어서 와인 시장을 석권하였다. 해태에서도 기존 시설에서 '노블와인'과 꼬냑인 마패 브랜디 등을, 백화에서도 와인을 생산하였으나 주로 기타 제재주를 생산하였다. 그 후 1981년에는 진로가 경남 산청에 포도원을 조성하고 '샤또 몽브르' 와인을 생산하였고 대구에서 '애플 와인 파라다이스'를 생산하던 파라다이스㈜도 충남 보령에 포도밭을 건설하고 '올림피아'를 생산하였고, 대구의 금복주는 태양주조 를 인수하여서 '두리랑'이란 와인을 생산하였다. 1987년 대선주조에서 경남 진동에 포도원을 조성하여서 국내에서 최초로 제대로 된 스파클링 와인인 '그랑주아'를 생산하였다.

이들 국산 와인들은 초기의 판매 부진을 딛고 1986 아시안 게임과 1988 올림픽까지 판매가 급성장하였고 특히 시장은 거의 70%를 점유하던 '마주앙' 공장과 다른 회사들도 증설을 거듭하였다. 이때가 국산 와인의 전성기였다. 그러나 이 국산 와인 전성기는 너무 빨리 끝나버렸다.

3) 한국 와인의 현대사

우리나라 와인의 현대사를 2000년까지, 2008년과 그 이후로 구분해보기로 한다.

① 2000년까지의 시대

86 아시안 게임과 88 올림픽을 전후하여 우리나라의 경제가 급성장함에

따라 국민 소득 증대와 국내외 관광이 늘어나면서 와인의 소비가 상당히 증가하고 있었으나 정부에서 외국에서 와인 수입을 금지하는 정책으로 우리나라의 와인 시장은 국산 와인들이 모두 차지하고 있었다.

국가 경제가 비약적으로 발전하고 있었으나 가난한 시절을 살아온 우리나라 정부는 수입은 극도로 억제하고 돈 되는 것은 모두 수출하는 등 수출 초과가 지속되었고 무역 수지의 흑자가 계속되었다. 정부의 수입 억제 정책에 대한 외국의 수입 압박이 거세어지게 되었고 외국의 압력에 더 이상 견디지 못한 정부가 수입을 단계적으로 자유화해 나갔다. 맥주나 위스키에 비하면 시장이 아주 작았던 와인을 가장 먼저 수입 자유화하기로 결정하고 1987년에 수입 자유화를 선언하게 되었다. 1987년부터 수입 면허를 제한적으로 발급하다가 1990년부터 제한 없이 수입면허를 발급하여 많은 수입회사들이 설립되고 와인을 수입되기 시작하였다. 1990년경부터 와인 수입량이 본격적으로 증가하기 시작하면서 국내 와인 시장을 수입 와인이 서서히 점령하게 되었다.

그때까지 국산 와인만 열심히 마시던 와인 소비자들이 외국 특히 유럽 와인을 선호하면서 수입 와인은 소비가 늘어났고 국산 와인은 소비는 감소하게 되었다. '마주앙' 공장에서 1990년에 와인을 100만 상자(600만 병)를 생산하였으나 해마다 출고량이 줄어들어 저자가 '마주앙' 공장을 떠났던 1996년에는 거의 절반으로 줄어들었다. 2000년에 들어서서는 순수 국산 와인은 국내에서 거의 사라져버렸다.

② 2008년까지 한국 와인 시장의 르네상스

2000년에 들어서서 인터넷과 핸드폰의 발전으로 개인 간의 교류가 훨씬 원활하게 되었기 때문에 특히 동호인들의 모임이 훨씬 활성화되었다. 과거에는 일부 와인 애호가들이 전화 등으로 어렵게 연락해서 오프라인 모임을 하였으나 이때부터는 인터넷과 핸드폰으로 훨씬 효과적으로 다수의 회원이 연락하고 모임을 가질 수가 있게 되었다.

수많은 와인 동호인 모임이 생겼고 회원이 4,000~5,000명 되는 큰 모임도 있었다. 인터넷과 핸드폰의 도움으로 한국에서 와인은 대중화의 길로 들어서는 시기였다. 이때 많은 와인 애호가들이 오프라인 와인 모임을 하면서 와인을 이야기하고 그룹별로 와인의 떼루아를 공부하고 와인을 맛보는 등 사회적으로 와인에 많은 관심을 가지게 되었다. 매스컴에서도 와인에 대해서 자주 거론하였던 시기로 이때가 국산 와인의 전성기 다음에 온 와인 산업의 르네상스라고 말할 수 있다. 와인의 소비가 많이 늘어나지는 않았으나 국가적으로 와인에 관심이 많았던 시기였다.

③ 2008년 이후

사회적으로 20~30대 직장인들을 중심으로 와인에 관심이 증가해 나가는 분위기는 2008년 미국발 금융 위기가 닥치면서 한국 와인의 르네상스는 막을 내리고 지금의 와인 시장은 조용하고 와인의 소비는 미미한 성장을 하고 있다. 많은 와인 동호회 모임도 지금은 거의가 없어져 버렸다. 2010년 이후에는 페이스북, 스마트 폰, 카톡이 새롭게 등장하여서 새로운 정보 전달의 사회로 변화해가고 있다. 이런 새로운 SNS 도구로 한국의 와인 시장에 또 다시 한국 와인 산업의 도약기가 찾아오기를 기대해본다.

4) 우리나라 와인 산업의 현황

1990년 기준으로 보면 국내 와인의 시장은 대략 1,500만 병 정도이었는데 26년이 지난 2016년 대략 4,980만 병의 시장으로 성장하였다. 얼른 보면 많이 성장한 것 같으나 26년간 우리나라의 1인당 연간 국민소득은 엄청나게 늘어나서 1990년 6,293달러에서 2016년 27,523달러로 늘어났다. 1990년 대비 2016년 국민소득이 4.37배로 늘어나서 경제력으로 는 선진국의 대열에 들어섰으나 와인 소비량은 아직도 연간 5,125만 국민이 1인당 1병이 안 되는 것으로 추정된다(수입 와인 0.97병, 양조용 포도로 만든 국산 와인은 마주앙 미사주를 포함하더라도 0.98 병 정도로 추측한다. - 양조용 포도로 만든 와인만을 계산함).

2016년을 기준으로 이웃 나라들과 비교하면 할 때 일본은 1억 2,700만 인구가 1인당 약 3.7병(1인당 GDP 38,972달러), 중국은 13억 8,200만 인구가 1인당 약 1.67병(1인당 GDP 6,894달러), 한국은 5,125만 인구가 1인당 약 0.98병을 마신다.(1인당 GDP 27,535달러) 따라서 우리나라의 와인 소비량이 결코 많은 것은 아니다.

와인 애호가들이 국내 와인의 소비가 엄청나게 증가했다고 오해하게 된 것은 매스컴의 영향 등으로 와인에 관심이 늘어난 것이 아닌가 생각한다.

앞에서 설명한 대로 현재 우리나라의 와인 시장은 거의 대부분을 수입 와인이 차지하고 있고 국산 와인은 미미하다. 국산 와인은 수입 와인들이 팔리는 백화점이나 마트 등의 와인 코너에서는 거의 볼 수 없고 대신에 일부 수퍼나 편의점에서 구입할 수 있는 정도이다. 지금 100% 국내 재배 양조용 포도로 만든 국산 와인은 천주교에서 사용하는 미사주 정도이고 사용하는 포도는 사이벨(Seibel 9110) 포도이다. 수퍼 등지에서 팔리고 있는 국산 와인들도 대부분 국내 재배 양조용 포도로 만든 와인 일부와 수입한 벌크 와인이 블랜딩되어 만들어진 와인들이다.

그 외에 와인 숍에서 구입하기 어려운 또 다른 일부 국산 와인들이 생산되고 있는데 이들 와인은 생과일용 포도로 분류되는 캠벨 어리(Campbell

Early) 포도로 만든 와인들이다. 캠벨 포도는 국내에서 가장 많이 재배되고 있으며 여름에 생과일용으로 수퍼에서 많이 구입하여 먹는 새까만 포도이다. 이 포도로도 와인을 만들 수는 있다. 그러나 맛이 양조용 포도로 만든 와인과는 경쟁이 어려우므로 와인 숍에서는 보기가 어렵다. 우리나라 포도 재배 농가에서도 양조용 포도를 재배하고 와인을 만들어서 수입 와인들과 당당하게 경쟁하게 되는 날이 오기를 고대한다.

소믈리에들의 실무에 도움이 될 것으로 판단되어서 국내에서 와인을 수입하고 있는 회사들의 리스트를 올린다. 수입 면허를 받은 회사가 약 300개이었으나 실제로 영업 활동을 활발히 하는 수입 회사는 50개 전후이다. 파악이 가능한 회사들의 리스트를 올리니 참고하기 바란다.

• 국내 와인 수입회사 리스트

가자와인(02-406-2220), 국순당(02-513-8686), 극동와인((02-416-4393), 금양인터내셔날(02-2109-9200), 까브 드 뱅(02-786-3136), 나라셀라(02-405-4300), 나루글로벌(02-2057-7826), 네이처와인(031-705-1116), 더블유에스통상(070-7403-2536), 동원와인플러스(02-589-3354), 디아지오코리아(02-2112-1400), 레뱅드매일(02-3497-6888), 롯데 주류(02-3459-1300), 루뱅코리아(02-824-6606), 무학주류(070-7576-2247), 문도비노(02-407-4642), 미라클와인즈(031-971-0723), 바쿠스(02-581-4588), 주)보르도(02-511-1144), 비노비노(02-479-2341), 비노파라다이스(02-2280-2154), 비즈에프엔비코리아(02-814-8720), 비케이 트레이딩(031-334-4755), 비탈와인(02-407-4620), 비티스(02-752-4106), 빈티지코리아(02-574-5528), 주)샤프트레이딩(02-3446-4160), 선보주류(02-2233-9610), 소울와인(070-8119-1561), 솔

트와인(02-3491-7710), 수석무역(02-921-0273), 신가(02-529-6395), 신동와인(02-794-4531), 신세계L&B(02-727-1685), 씨에스엘와인(02-535-8407), 아영FBC(02-2175-0075), 에노테카코리아(02-3443-1150), 에프엘코리아(031-449-3151), MH샴페인즈&와인즈코리아(02-6424-1020), 올빈와인(02-586-2098), 와이넬(02-325-3008), 와인앤오크(031-903-4883), 와인투유코리아(031-705-7168), 유와인(070-4145-7158), 이지와인(02-308-2134), 인터불고루에다(053-380-0190), 인터와인(070-7897-2619), 지에프비오(02-3446-4135), 지중해와인(031-593-7786), 카스카와인(02-885-1686), 케이프밸리와인(070-8178-8888), 코스모엘앤비(02-2058-9181), 콜리코(031-971-7722), 크리스탈와인콜렉션(02-9612-4859), 타이거인터내셔날(02-2058-3361), 태산주류(031-722-0167), 태영와인(031-923-1390), 티에나테루아(02-2066-5640), 페르노리카코리아(02-3466-5700), 프라임와인(031-353-6562), 핑크조이(02-542-7745), 하이트진로(080-210-0150), 한독와인(02-551-6874), KS 와인(031-752-2579), NYC안데스와인(031-8043-4199) 등이다.

05

와인 테이스팅(Tasting of Wine)

1. 시음의 정의

시음이란 와인의 품질을 평가하기 위하여 원하는 제품을 조심스럽게 맛보는 것을 말한다. 즉, 시각, 미각과 후각 등 인간의 감각 기관을 사용하여 와인의 잘못된 부분과 와인의 여러 가지 품질 등을 알아보기 위하여 시험해 보는 것을 말하며, 와인을 관찰, 분석, 묘사하고 평가하는 것이다.

2. 시음의 목적

와인 공장의 실험실에서는 주기적으로 와인을 시음한 후 품질을 분석하고 평가하여 와인의 변화 추이를 주시하고, 이에 따라서 적절한 처치를 하고 있다. 소비자들이 와인을 시음하는 목적은 시음을 통하여 와인의 여러 가지 특징들을 분석하고 이러한 과정을 통하여 와인 자체를 즐기는 것이다.

첫째, 우리의 감각기관을 통하여 기분 좋은 느낌을 즐기는 것이다. 여러 가지의 성분이 잘 조화되고 또 잘 숙성된 와인을 마시면 아주 향기롭고, 입안에서도 부드러움을 느끼게 된다.

둘째, 좋은 와인은 육체적으로 감미로움을 느낄 수 있을 뿐만 아니라 정신적인 만족감과 즐거움과 행복감을 지닐 수 있다.

셋째, 감각기관들을 사용하여 각 와인의 특징들을 하나하나 음미하면서 강도와 조화 등을 잘 분석해보고 그 와인의 숙성 등을 예측하며, 또 예전에 마신 다른 와인과의 차이를 알아내는 등 새로운 경험을 하는 것이다. 와인을 음미하는 능력은 먼저 와인을 맛보는 요령을 배우고 난 후 이를 장기간에 걸쳐 부단히 훈련하고 노력하면 맛보는 능력은 거의 모든 사람에게서 향상된다.

넷째, 음미한 와인의 맛에 관하여 혹은 그 와인에 관하여 와인을 좋아하는 다른 사람과 이야기하고 느낌을 공유할 수 있다. 다른 사람과 이야기할 때 주관적인 표현보다는 상대가 알아들을 수 있는 객관적인 용어를 사용해야 한다.

3. 시음 준비

와인은 시음하는 장소 등 자연환경과 개인의 신체조건에 따라서 그 맛이 다르게 느껴지므로 와인을 잘 시음하기 위하여 여러 가지 조건을 갖추어야 한다.

첫째, 시음할 와인 잔은 가능한 한 I.N.A.O.이나 화이트, 레드와인 시음용 잔을 사용해야 한다.

둘째, 와인 온도를 정확히 맞추어야 한다. 화이트 와인과 로제 와인은 15℃, 레드 와인은 18~20℃, 스파클링 와인은 8℃로 맞추는 것이 적당하다.

셋째, 시음할 와인이 여러 병인 경우, 약한 와인에서 강한 와인 순서로 화이트에서 레드로 가벼운 것에서 무거운 것으로 시음한다. 레드는 쓴맛이 적은 것에서 쓴맛이 많은 것으로 화이트는 단맛이 없는 것에서 단맛이 많은 것으로 시음한다.

넷째, 육체적, 정신적으로 피곤할 때는 시음을 피한다. 식사 직후나 커피를 마신 후, 흡연 후도 피한다. 단맛, 신맛, 쓴맛이 많은 음식을 먹은 직후나 술을 많이 마신 후도 마찬가지다.

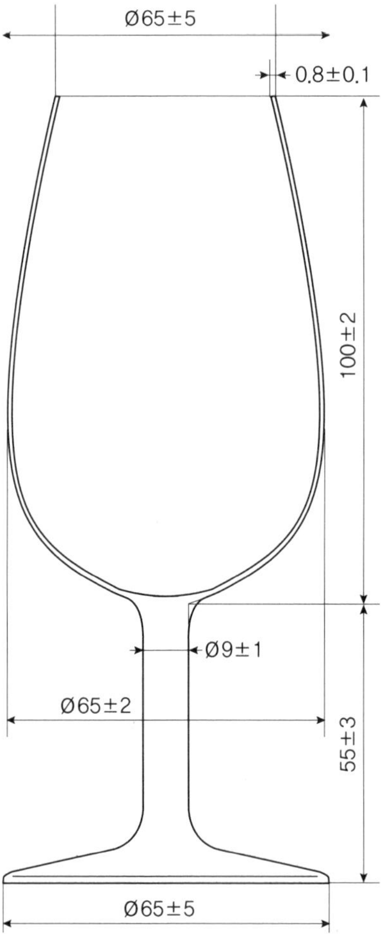

다섯째, 시음 장소는 조명이 충분하고(형광등 조명은 일부 와인 색이 다르게 나타난다) 조용하고 습도는 60~80%, 온도는 20℃ 전후로 환기가 잘 되는 곳이어야 한다.

여섯째, 짙은 화장은 와인 향을 맡는 데 지장을 주며 강한 향수도 피해야 한다.

일곱째, 시음에 적당한 시간대는 오전 10~11시 사이이다.

그림 1 INAO 시음용 와인 잔(단위: mm)

4. 와인의 맛을 결정하는 요소

1) 컬러(색상)

와인의 컬러는 포도의 껍질로 인해서 발생하는데 잘 익은 포도는 컬러가 진하고 덜 익은 포도는 약하다. 화이트 컬러는 후라보노이드Flavonoid계 색소에서 오고 레드 컬러는 안토시안Anthocyan에서 오지만 품종별로 컬러의 짙기는 다르다.

와인은 양조, 숙성 과정을 통하여 서서히 산화되며 산화된 와인은 갈색을 띠게 된다. 화이트 와인은 연녹색을 띤 옅은 황금색에서 옅은 황금색, 짙은 황금색, 갈색으로 변하게 된다. 레드 와인은 보라색을 띤 적색, 선홍색, 암적색, 적갈색으로 변해간다. 레드 와인은 오래 숙성하면 색소가 침전하여 적색은 점점 약해진다.

2) 투명도

와인은 맑고 투명해야 한다. 잘못 관리된 와인의 경우 미생물 오염이나 금속물질 등으로 혼탁해지거나 주석산 염의 침전이 생기기도 한다. 정상적인 와인은 투명해야 하며 화이트의 경우에는 반짝반짝 빛이 나야 한다.

3) 향

식품의 향에는 인간이 느낄 수 있는 것만도 10만 가지가 넘으며 와인에도 160종 이상이 있다고 알려져 있다. 냄새를 맡을 때 우선 전반적인 향의 강도를 보고 그다음 향의 종류를 알아보도록 한다.

① 1차 향(포도의 향)

이것은 포도 자체에서 나오는 과일향이며 품종별로 다르다.(아로마)

이를 화이트 와인과 레드 와인을 구별해서 대략적인 줄거리를 알아보도록 하겠다.

• 화이트 와인

- 꽃floral 향

Acacia, Aubépine산사나무, 오에일네트Oeillet, Chevrefeuille인동덩쿨, Jacinthe히아신스, Jasmin재스민, Iris붓꽃 Fleur d'Orange오렌지 꽃, Rose장미, Lilas라일락, Genét금작화, Tilleul보리수

- 야채Végétale 향

Foin coupé절단된 건초, Herbacé풀, Fougére고사리, Buis회양목, pipi de Chat고양이 오줌, Tisane탕약, Lierre송악, Thé차, Note Végétales aromatiques방향성 식물 Anis아니스, 미나리과 향료식물, Menthe박하, Fenoui회향 등

- 과일Fruitée 향

Pomme사과, Péche blanche 혹은 Jaune흰색 혹은 노랑색 복숭아, Poire배, Agrumes감귤, Citron레몬, Pamplemousse왕귤, Abricot살구, Coing마르메르 열매, Ananas파인애플, Mangue망고, Fruits exotiques열대과일, Banane바나나, Amande fraiche싱싱한 아몬드

- 무기물Mineral 향

Pierre á Fusil부싯돌, Craie백악, Iode요드, Silex규석, Naphte 혹은 Petrole원유 혹은 석유

• 레드 와인

- 꽃Florale 향

Violette제비꽃, Rose장미, Pivoine작약, Fleurs rouses붉은색 꽃

- 야채Végétable 향

  Poivron vert피망, Humus부식토, Bourgeon de Cassis까시스의 싹

- 과일Fruitée 향

  Fruits noirs 혹은 rouges검은색 혹은 붉은색 과일-Groseille까치밥, Cerise버찌, Fraise딸기, Framboise나무딸기, Cassis까막까치밥 나무열매, Mûre오디, Myrtille월귤, Griotte산과앵도 기타 Banane, 등

- 향신료Épicée 향

  Poivre후추, Thym백리향, Laurier월계수, Garrigue

② 2차 향(발효 향)

효모가 발효하면서 생기는 향으로 오래 지속되지는 않고 일정기간 지나면 없어진다.(부케)

발효향: Levure효모, mie de Pain빵의 속살, Brioche브리오수 빵, Biscuit비스케트

우유류: Lait우유, Beurre frais신선한 버터, Fondu퐁듀 혹은 Noisette개암열매, Yaourt요구르트 Amylique아밀류 - Banane, Vernis á Ongle매니큐어

③ 3차 향(숙성 향)

발효 후 숙성이 되면서 생기는 향으로 어린 와인에서 나오는 신선한 아로마가 숙성하면 산화에 의해서 시들은 꽃, 시들은 과일 등의 향으로 변하는데 시들은 향은 숙성한 향이라고 한다.

와인을 오크통에서 숙성할 경우 오크나무의 향과 오크통을 제조할 때에 불을 피워서 오크통의 내부를 거스르게 된다. 이렇게 토스팅을 할 때에 나무의 수지 성분 등이 타게 되어서 생기는 향이 더해지며 이 향을 오크 숙

성향이라고 한다.

와인을 병에 담고 병 숙성을 오래하게 되면 와인이 환원 상태에서 숙성하게 되며 이때에 생기는 향은 병숙성향이라고 한다.

2차 향과 3차 향을 모두 숙성향 즉 부케Bouqet라고 부른다.

- 레드 와인
  - 말린 과일류 향
  - 시들은 꽃 류Floral 향
  - 화덕Empyreumatique 향

    Cacao코코아, Pain grillé구운 빵, Pain dépice향료가 든 빵,

    CaféTabac담배, Caramel캐러멜
  - 나무와 발삼Boisée와 Malsamique향

    Bois neuf새 나무, Chéne떡갈나무, Pin소나무, Eucalyptus유칼리나무,

    Bois fumé나무 연기, Bois brúlé나무 태우는 향
  - 향신료 향

    Vanilla바닐라, cannelle계피, poivre후추, Clou de girof정향,

    Réglisse감초
  - 동물Animal 류향

    jus de Viande육수, Cuir피혁, Fourrure모피, Gibier사냥한 동물,

    Venason사냥한 큰동물 사슴, 멧돼지 등, Ventre de liévre산토끼 배
  - 식물Végétale 향

    Sous-Bois이끼 등, Champignon버섯, Truffe송로버섯
  - 약품Chimique 향

    Solvant용매, Vernis와니스

• 화이트 와인

- 시들은 꽃Floral류

Fleur séchés마른 꽃, Camomille카밀레 꽃, Bruyére히드 꽃

- 말린 과일Fruitée류

Fruits séchés Noisette개암나무 열매, Noix호두, Amande séche마른 아몬드, Abricot sec건 살구

- Miel- Confiserie꿀과 당과류

Miel꿀, Praline편도 설탕 졸임, paté d'amande아몬드 파이, Cake케이크

- Boisée와 Balsamique나무와 발삼향

- 오크 숙성향

Chéne떡갈나무, Bois neuf새나무, Balsa발사나무, Pin소나무, Cédre서양 삼나무, Vanille바닐라

④ 기타 향

정상적으로 만들어서 숙성된 와인은 위와 같은 향이 나지만 와인이 산화 혹은 오염으로 인하여 변질되는 경우 다음과 같은 향이 나올 수도 있으며 과도한 경우는 좋은 와인이 되지 못한다.

Végétal식물, Pomme blette농 익은 사과, Vinaigre식초, Colle접착제, Savon비누, Soufre아황산가스, Oeuf Pourri썩은 계란, Oignon양파, Chou-fleur양배추 꽃, Cheval말, Moisi-Terreux지하실, 오크통 곰팡이

4) 맛(Taste)

와인의 맛에는 단맛, 신맛, 쓴맛의 3 종류가 있다.

① **단맛**(sweetness)

와인에 당분이 남아 있으면 단맛을 느끼게 된다. 단맛은 혀의 끝부분에서 느껴진다(그림 2. 혀의 그림). 와인에 1%의 잔당이 있으면 대부분의 사람들은 단맛을 느끼나 어떤 사람들은 0.5%에도 단맛을 느낄 수 있고 어떤 사람들은 2.5%에도 단맛을 못 느낄 수 있다. 와인 속에 있는 그리세롤도 단맛으로 느낄 수 있다. 에틸 알코올도 단맛으로 느낄 수 있다. 단맛이 있으면 쓴맛과 신맛을 덜 느끼게 할 수도 있다. 온도가 높을수록 단맛을 더 느낀다. 단맛의 정도에 따라서 브뤼Brut, 섹Sec, 드미섹demi sec, 두Doux, 모엘르Moelleux, 리꼬레Liquoreux로 표현해도 된다.

② **신맛**(sourness)

신맛은 혀의 양쪽에서 느끼는 맛이다(그림2 참조). 와인의 신맛은 식초의 신맛으로 느껴진다. 식초의 신맛에는 초산과 에틸아세테이트 등이 섞여

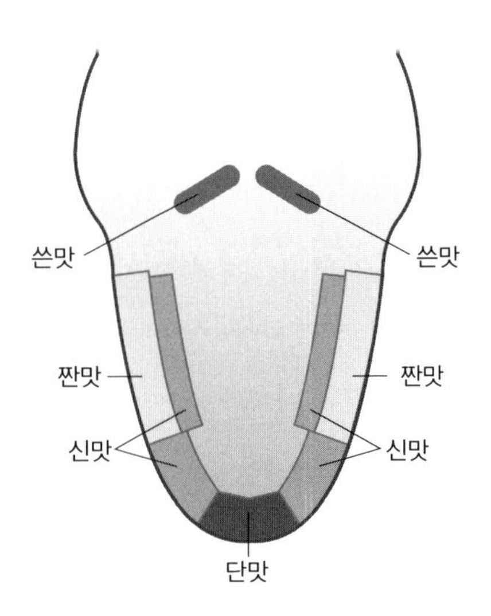

그림 2 혀의 맛보는 위치

있다. 따라서 와인의 신맛과 식초는 다르나 느낌은 비슷하다고 볼 수 있다. 포도에는 주석산, 사과산, 구연산, 젖산 등이 들어 있으며 덜 익은 포도로 만든 와인에서는 신맛을 더 느낄 수 있다. 신맛은 그 정도에 따라서 다음과 같이 분류된다.

너무 약한 경우 - plat힘없는, mou맥빠진, maigre빈약한 등 표현

너무 강한 경우 - piquant톡 쏘는, raide억센, acide너무 신, vert숙성이 덜 된

적당한 경우 - frais싱싱한, vif신선한, rafraichissant산뜻한, souple유연한

③ 쓴맛(bitterness)

와인에는 쓴맛과 떫은맛이 공존한다. 와인의 쓴맛은 포도의 껍질, 씨에서 주로 오고 일부 줄기, 잎에서 타닌 성분이 나오게 되며 이 타닌 성분이 쓴맛을 느끼게 한다. 또 와인을 오크통에서 숙성시킬 경우 오크통에서도 이 타닌 성분이 나온다. 쓴맛과 떫은맛은 다르다. 떫은맛은 4원미와는 다르게 혀의 점막 단백질을 일시적으로 응고시킴으로써 미각 신경이 마비되어 일어나는 감각이다. 쓴맛, 떫은맛은 혀의 안쪽에서 느낄 수 있다. 온도가 낮을수록 쓴맛을 더 느낀다. 쓴맛의 경우 사용되는 용어가 많지 않다.

너무 적은 경우 - creux빈약한, sans charpente약한

너무 많은 경우 - astringent톡쏘는, rustique투박한, agressif자극적인, see너무 딱딱하다.

적당한 경우 - charpenté튼튼한, fondu말랑말랑한, solide단단한

그 외에

알코올이 너무 많은 경우 - alcoolisé알코올이 많은, brúlant불타는

너무 적은 경우 - plat맥빠진, petit약한, faible힘없는

적당한 경우 - puissant강한, chaud뜨거운, corsé진한, généreux풍부한,

capiteux빨리 취하는

드라이 화이트 와인은 알코올과 산도가 중요하며 잘 조화된 와인은 이 알코올과 부드러운 맛과 신맛의 조화를 말한다. 스위트 화이트 와인은 알코올, 신맛, 단맛이 중요하며 조화가 잘 된 와인은 이 세 가지가 조화된 것이다. 레드 와인은 부드러운 맛, 신맛, 쓴맛이 중요하며 좋은 와인은 이 세 가지가 잘 조화된 것을 말한다.

5. 실제 와인의 시음

지금까지 와인 시음에 대하여 각 기관별로 알아보았다. 앞에서 언급한 내용을 활용하여 실제로 와인의 시음하면서 맛을 분석해 나가는 순서를 설명하겠다.

1) Vision(눈으로 보기)

Couleur(컬러의 종류), Intensité de la couleur(컬러의 짙기)

Limpidité(투명도), Brillance(빛남), Effervescence(기포)

Viscosité(점도) - 와인의 눈물

2) Odor(코로 냄새 맡기)

- 1단계: 잔을 돌리지 말고 냄새를 맡는다.(premier Nez)
  - 가장 휘발성이 강하고 가벼운 냄새 입자가 나옴
- 2단계: 잔을 서서히 돌려서 냄새를 맡는다.(Deuxiéme Nez)

- 약간 무거운 냄새 입자가 올라온다.

- 3단계: 와인을 다 마신 후 시간이 좀 지난 뒤 빈 잔의 냄새를 맡는다.(Troisieme Nez)
  - 와인이 숙성이 되면 이런 향을 가지게 될 것이라고 예상을 할 수 있다.

각 단계에서 1차, 2차, 3차향을 보며 와인 별로 앞에서 언급한 향을 찾아낸다.

3) Taste(혀로 맛보기)

첫 느낌(attaque): 와인을 조금 마셨을 때 첫 느낌으로 단맛, 신맛, 쓴맛의 정도를 알아본다. 이 느낌으로 와인의 숙성 정도를 알 수 있다.

- 단맛: 단맛이 적다(tendre), 부드럽다(souple), 단맛이 많다(gras)
- 신맛: 신맛이 적다(plat), 상큼하다(vif, frais), 신맛이 많다(acide, vert)
- 쓴맛: 쓴맛이 적다(sec), 쓴맛이 좀 있다(qmer), 쓴맛이 많다(tannique, charpente), 쓴맛이 아주 많다(ferme, solide)

향의 재확인(retro-olfaction): 입안에서 데워진 와인의 향을 재확인한다.

4) Touch(입안 전체의 느낌)- 바디감을 알아본다.

- 알코올: 적다(legér), 상당히 있다(equilibre), 많다(chaud), 아주 많다(genereux, fort)
- 쓴맛, 알코올, structure, gras를 포함한 전반적인 느낌

  약하다(maigre), 약간 있다(petit), 많다(souple, agressif), 아주 많다(corse, charpente)

5) 조화된 맛 (L'Equilibre): 조화 안 됨, 약간 조화, 조화 잘 됨

6) Persistence(마신 뒤의 향과 맛의 지속성)을 알아본다.

- 남은 맛(L'Arriere): 신맛 혹은 쓴맛이 오래간다, 약간 오래간다, 짧다.
- 남은 향: 거의 없다(faible), 짧다(courte), 보통이다(moyenne),
  길다(longue), 아주 길다(fres longue)

7) 결론: balance와 지속성 등 시음을 통해서

소믈리에는 시음한 와인이 앞으로 몇 년 정도 더 보관할 수 있는지 예측하고 그 와인에 잘 어울리는 요리를 추천해야 한다.

06 소믈리에(Sommelier)

소믈리에sommelier라는 단어는 옛날 짐을 운반하는 짐승을 관리하는 사람, 보급품을 관리하는 사람 등의 뜻으로 사용되었으나 현재는 레스토랑 등에서 고객들에게 와인을 추천하고 서빙하는 사람을 말한다. 영어로는 와인 웨이터Wine Waiter 혹은 와인 스튜어드Wine Steward라고도 말한다.

그러나 소믈리에는 와인뿐만 아니라 꼬냑, 위스키, 맥주 등의 주류와 사이다, 콜라 등 탄산음료, 과일 주스, 생수, 커피, 차 등 주방에서 조리해 나오는 요리 이외에 모든 음료 등을 서비스하는 사람을 통칭하는 말이다.

소믈리에가 독립된 직종으로 인정받게 된 것은 유럽에서는 1차 세계대전 이후부터이다. 1960년대 전후로 약 40년 동안 프랑스에 직업적인 소믈리에가 40명이 있었으나 지금은 1,500명이 넘는 소믈리에가 있다. 소믈리에들의 활동은 이탈리아에서 가장 왕성하며 1965년 협회를 설립하고 지금은 33,000명의 소믈리에들이 회원으로 가입되어 있다.

소믈리에는 레스토랑이나 와인바 등에서 근무를 시작하면 소믈리에라고 부른다. 그러나 많은 사람들이 자격증을 가지기를 원하는데 4년제 대학의 학위는 요구되지 않는다. 2년 정도의 과정으로 이론과 실습, 시험 등의 수업이 필요하고 여러 기관과 개인이 시험을 보고 난 후에 자격증을 주고 있다.

Court of Master Sommelier는 1969년에 diploma 제도를 도입하였고 2017년까지 세계에서 249명이 Master Sommelier diploma를 받았다.

소믈리에의 업무는 주방의 조리 파트와 구별된 하나의 직종으로 호텔 주방장, 레스토랑 지배인과 같은 수준의 지위를 갖는다. 국내에서는 아직까지도 소믈리에에 관한 이해가 부족하여 레스토랑에서 단순한 웨이터의 하나로 인식되고 있으나 앞으로는 외국과 같이 레스토랑 등에서 소믈리에들이 제대로 인정받고 대우를 받을 수 있게 되도록 사회적인 여건이 조성되어야 할 것이다. 이를 위하여 소믈리에로 일하고 있는 사람들은 자신들의 권익을 위하여 스스로 더 많은 노력과 책무를 다하고 부단한 공부를 해야 할 것이다.

1. 소믈리에의 역할

고객이 음식과 함께 와인을 주문하려고 할 때 관련지식이 부족하거나 혹은 다른 이유로 추천을 원하는 경우에 소믈리에는 성실하게 조언할 수 있어야 한다. 그렇게 하기 위해서 소믈리에는 그 레스토랑의 메뉴뿐만 아니라 요리에 사용된 재료 등에 관해서도 알고 있어야 만족스러운 와인을 추천할 수 있을 것이다. 와인을 추천할 때 소믈리에 자신이 좋아하는 와인이나 비싼 와인 또는 너무 싼 와인 위주로 추천해서는 안 되며, 고객의 기호에 맞게 와인을 추천해야 한다. 만약 고객의 기호를 모르는 경우에는 일단 합리적인 가격대의 좋은 와인을 추천하고 고객의 반응을 본 후에 대처해야 한다.

그 외의 소믈리에로서의 역할은 와인 이외의 음료 서빙, 와인 등의 재고 관리, 필요 물품의 구입 의뢰, 검수, 와인 저장실의 관리, 와인 리스트의 작성 및 관리, 와인의 서빙 등 업무를 수행한다. Cave de jour의 관리에도 특히 유의해야 한다.

2. 소믈리에의 자질과 자세

소믈리에는 레스토랑에서 근무하는 종업원으로 육체적, 정신적, 도덕적으로 합당한 자질을 지녀야 한다. 즉 유연성이 있어야 하고 또 신중하고, 상냥하고, 효율적이고, 정중하고, 공손해야 하며, 또한 표현은 분명하고 명확하고 적절한 어휘를 사용해야 하며 무엇보다도 중요한 것은 항상 웃음을 잊지 말아야 한다.

1) 자질

소믈리에는 신체적, 도덕적으로 건강해야 하고 정신적으로 레스토랑의 모든 사람에게 유연하고 신중하고 친절하고 능률적이어야 하며, 정중하고 상냥하나 아첨하지는 않아야 한다.

또한 소믈리에는 겸손하고 창의적 마인드와 제품에 대한 확실한 지식을 가지고 사용 어휘가 풍부하고(명료하고, 다양한 어휘, 정확성, 화술) 한 가지 혹은 여러 외국어를 구사할 수 있도록 해야 한다.

2) 자세

레스토랑의 모든 직원들과 마찬가지로

- 고객이 점잖다고 너무 친밀함을 피한다.
- 어려운 고객이라고 구별하지 않는다.

- 정치나 종교에 관한 대화를 피한다.
- 고객들의 대화를 엳 듣는다는 인상을 주지 않는다.
- 우스꽝스런 행동과 인사에 냉정함을 유지한다.
- 다른 테이블 때문에 고객의 테이블을 소홀하다는 인상을 받지 않도록 한다.
- 절대로 리넨으로 얼굴을 닦지 말고 겨드랑이 밑에 놓지 않는다.
- 깨끗한 상태로 관리되지 않은 것을 절대로 사용하지 않는다.
- 자만한 행동을 보이지 말고 아는 것을 과시하지 않는다.

3. 소믈리에의 목표

고객의 만족과 고용주의 만족을 위해서 항상 관심을 가지고 음료 판매를 최선을 다한다.

1) 고객의 만족

- 선택한 요리와 고객의 예산에 관련해서 와인을 상담한다.
- 모든 질문에 자신감이 있게 답변해야 한다.
- 고객이 레스토랑에서 중요한 사람이라는 인식을 가지도록 한다.
- 손님이 식사를 위해서 레스토랑에 있다는 것을 잊어서는 안 된다.
- 셰프와 호텔 주인에게 비꼬는 듯한 표정과 날카로운 대답, 소믈리에가 너무 의기양양한 것 등은 고객들의 식사 분위기를 망친다.

2) 고용주의 이익 존중

- 추천하는 와인이 좋은 품질과 가격이라는 인식을 갖도록 도움을 준다.

- 와인 저장실의 관리를 확실히 한다.
- 매상의 증가와 수익성 개선을 위해서 노력한다.
- 특정 와인의 프로모션을 위해서 독창적인 방법을 제시한다.
- 기업의 상업적인 목표로 채택되기 위해서는 제안의 근거를 제시해야 한다.

3) 교육

먼저 소믈리에가 홀 서빙, 주방, 안내 등의 외식 산업의 기본 교육을 확실히 받아야 한다. 이러한 교육은 전문 교육 기관에서 양조, 시음, 관련 법, 국가의 지리학적 와인 생산과 국제 와인 생산 등에 관해서 배울 수 있다.

소믈리에, 레스토랑 오너, 호텔 직원, 팀의 셰프 등 와인의 서빙을 담당한 사람은 절대적으로 일정한 원칙을 존중해야 하며 고객들에게 좋은 품질의 제품을 제공하기 위한 포도 재배자, 양조 기술자, 와인 생산자들이 시간과 어려움을 아끼지 않고 수고한 노력들이 헛되지 않도록 노력해야 한다.

캡슐이 불량이든지 이가 빠진 잔을 사용한다든지, 손으로 상표를 가린다든지, 서빙 온도가 너무 높다든지, 와인 리스트에는 있는데 와인이 품절이라든지, 빈 티지가 리스트와 다르든지 하면 고객이 불쾌감을 가질 수 있다. 가격을 잘 확인하고 재고와 서비스가 가능한지를 세심히 검토해야 한다. 실수가 계속되면 고객은 다른 집에서 좋은 와인을 마실 것이다. 이러한 에러는 시간의 문제가 아니고 의지의 문제이다. 회사의 명성과 와인의 이미지를 위해서 이 점을 항상 주지하도록 해야 한다.

4. 와인의 구입

와인과 주류 음료 등의 구입은 비용이 발생하게 되므로 구매 부서에는 관련 업무를 잘 아는 직원이 필요하다. 맥주와 과일 주스 등은 저장 기간이 짧다. 와인은 보관 조건에 따라서 입고 후에 안정 기간이 필요할 때도 있다. 구매를 결정 하는 방법은 시장 조사, 기업의 판매 분석과 저장의 가능성, 현재 재고, 메뉴의 변화와 계절 등을 감안해야 한다.

1) 와인 구매 정책

와인은 구매할 때에 재고를 최소한으로 축소하는 방법과 재고를 충분히 가져가는 방법의 두 가지 정책을 검토하여야 한다.

- 재고를 최소한으로 할 경우(소량 구매)
  장점은 투자가 적고, 저장 비용이 축소, 감가상각의 위험이 적다는 점이고 단점은 구입 단가가 높다. 재고가 소진될 가능성이 있고 오래된 빈티지 와인을 추천할 수 없다는 점이다.
- 재고를 과다하게 가져 갈 경우
  장점은 구입 단가가 낮다. 차후 구입가 인상에 대한 리스크가 적다. 재고 와인의 가치 상승을 기대할 수 있고 올드 빈티지 와인을 추천할 수 있다. 단점은 판매 부진할 경우 자본의 동결, 재고 비용이 상승하고 감가상각의 가능성이 생길 수 있다.

2) 구매 담당자

와인 구매는 작은 레스토랑의 경우 오너가 직접 구매 일을 하고 중소기업에서는 음료 구입 담당자가, 대기업의 경우 소믈리에의 도움으로 구매 담당자가, 체인과 그룹에서는 전문 구매자가 담당을 하게 된다. 구매를 담당한 사람은 제품의 특징을 잘 이해하고 있어야 한다. 즉 구입하려는 와인을 단기간 내에 판매할 것인지 혹은 장기로 보관을 해둘 것인지를 결정해서 빨리 판매할 와인의 경우 빨리 숙성되는 와인을 구입해야 하며, 이런 화이트 와인은 쇼비뇽이나 샤슬라 등이다. 레드 와인은 가메나 메르로 와인들이 해당되고 그랑 끄뤼 등의 경우에는 빈티지가 별로 좋지 못한 해의 와인 등이다.

장기간 보관해둘 와인의 경우 천천히 숙성되는 와인을 선택해야 하며, 바디감이 강하고 타닌이 풍부한 와인, 마세라숑을 오래한 와인들로, 예를 들면 까베르네 쇼비뇽, 시라 등이고, 그랑 끄뤼 와인의 경우 좋은 빈티지의 와인 등이다.

3) 공급자의 결정

필요한 와인을 적당한 가격과 조건에 구입하려면 공급할 수 있는 다수의 회사 중에서 결정해야 한다.

소매점이나 레스토랑의 경우 납품자를 선택하는 일은 외국과 우리나라가 상당히 다르다. 우리나라에서는 주세법상 와인을 구입할 경우 수입회사나 도매 회사를 통해서 구입해야만 팔 수 있다. 그러나 외국 특히 프랑스 등에서는 여러 곳에서 와인을 구입해서 판매가 가능하다. 우리나라의 주세 행정도 언제인가는 유럽 국가들과 같이 변할 것으로 생각되고 또 우리나라의 젊은이들이 유럽에서 취업하는 일도 많아질 것이므로 이 책에서는 우리나라의 실정과 다르지만 외국의 시스템에 대해서도 설명하도록 하겠다.

① **공급처 접촉**

와인의 구입을 위해서 구매 담당자들이 접촉해야 할 공급처는 인터넷, 와인 전문점, 대형 수퍼마켓, 와인 클럽, 포도주 공장, 생산자 조합, 네고시앙, 시장, 전시회, 경매장 등이 있다.

각 공급처의 장단점을 보면

- 포도주 공장에서 구입할 경우

  장점: 와인의 떼루아, 양조 등에 관한 조언을 들을 수 있고 가끔 시음도 할 수 있다. 가격이 가끔 싸다.

  단점: 직접 방문해야 하고 호감이 가는 분위기에서 가끔 필요 이상으로 와인을 구입하게 된다.

- 생산자 조합에서 구입할 경우

  장점: 많은 양을 구입할 수 있다. 와인의 종류가 다양하고 가격은 적당하다.

  단점: 조합에 따라서는 소비자들의 이미지가 부정적일 수 있다.

- 네고시앙에서 구입할 경우

  장점: 좋은 품질의 와인을 대량 구입이 가능하다. 가끔 회사의 명성과 오래된 역사가 제품의 보증 역할을 한다.

  단점: 네고시앙도 생산자이고 또 여러 와인회사들의 와인을 취급하고 있어서 추천하는 제품이 비슷비슷하여서 구별이 잘 안되는 것도 있다.

- 전문 와인 저장회사

  장점: 전문 매장이어서 와인에 관한 정보와 와인과 요리 상담도 할 수 있다.

  단점: 서비스 비용 등으로 단가가 비싸다.

- 대형 마트에서 구입할 경우

장점: 그랑 끄뤼에서 뱅 드 따블까지 다양하게 있고 외국 와인의 구입도 가능하다.

단점: 병들이 세워져 보관되고 온도도 높은 등 좋지 못한 상태에서 보관된 와인들도 있다.

- 시장이나 전시회에서 구입할 경우

장점: 선택의 폭이 크고 시음도 가능하다.

단점: 전문 전시회 외에는 시음 환경이 좋지 않다. 일부 판매자들은 전문가가 아닌 알바들도 있다.

- 경매장에서 구입할 경우

장점: 자주 오래된 빈티지 와인을 구입하는 좋은 방법이다.

단점: 많은 경우 와인들의 출처와 보관 조건 등을 확실하게 알 수 없다.

- 인터넷에서 구입할 경우

장점: 세계의 와인이 컴퓨터 모니터에 올라온다. 전문 사이트에서는 가끔 소믈리에, 양조 전문가, 공장 직원 등이 조언을 한다. 점점 자주 생산자들이 직접 등장해서 와인을 소개한다.

단점: 인터넷에서 사이트를 찾기도 어렵고 다른 사이트와의 구별도 어렵다.

- 경험적으로 많은 레스토랑들이 와인 수입회사 혹은 도매회사의 영업 사원들이 방문했을 때에 구입을 하게 된다.

장점: 영업 사원들이 자주 업소를 방문하여서 업소에서 필요한 와인을 알고 직원들과의 친분으로 와인 리스트 작성을 부탁하기도 한다. 이 런 경우에는 자기 회사 제품을 위주로 리스트업하게 된다.

단점: 가끔 레스토랑에서 필요하지 않은 와인도 구입하게 되고 다른 경쟁 회사의 와인들과 비교가 어려워진다.

② 납품자의 선정

인터넷, 전문 잡지, 전문 구매가이드, 프랑스 와인 양조자 조합에서 매년 발행하는 와인 카탈로그 Haute Expression 등에서 연락처를 알아낼 수 있다. 외국 와인은 인터넷에서 또 와인 전시회 등에서 자료를 구할 수 있다. 요구하는 품질과 물량을 납품할 가능성이 있는 경쟁회사들의 가격표와 샘플을 요청한다.

③ 샘플의 평가

납품자 선정에서 중요한 부분이 샘플 와인의 평가이다. 평가는 샘플의 추출과 블라인드 테이스팅으로 한다. 비싼 와인이라고 모두 다 좋은 것은 아니다. 한 레스토랑 오너의 예를 들면 4개 공급자를 사전에 선정하여 샘플을 요청하고 시음회를 주선한다. 그리고 작은 시음 위원회를 구성한다(시음자 수가 많으면 결과가 더 좋다. 그러나 2~3명의 시음자로도 가능하다).

실제로 한 사람의 시음 전문가가 할 수도 있는데 한 사람이 드물게 좋은 선정을 할 수도 있다. 그러나 중요한 주문인 경우에는 다음과 같은 방법으로 시음 팀을 구성한다.

- 레스토랑 책임자 혹은 외식 산업 책임자(오너, F&B 매니저 등)
- 회사 내의 와인 구입에 관련된 사람들
- 주방장(매우 자주 잊어버린다)
- 청구서의 돈을 지불할 사람(오너, 경리 이사)
- 와인을 잘 아는 고객을 초대하는 방법은 매우 중요하다. 소비자의 만족과 견해를 알아볼 수 있기 때문이다. 또한 시음 팀에 여성도 포함되어야 한다.

선정된 4가지 와인을 평가자들이 볼 수 없도록 또 와인의 가격을 알 수 없도록 번호 적힌 와인 잔에 담아서 제3자가 가지고 온다. 제품들의 시음과 그룹화가 선호하는 순서에 의해서 결정된다. 이 방법은 일반적으로 더 좋은 와인을 고르는 데 이용된다. 이를 위해서 Rangs de Krammer의 방법을 적용할 수 있다.

주의할 점: 한 제품에 대해서 2명 이상의 납품자가 있어야 한다.

• Rangs de Krammer의 방법을 인용하여 구매 시음하는 예

4개의 와인과 4명의 시음자를 가정하고 와인 시음자들은 선호도에 따라서 등급화하였다. 평가는 시음표를 이용하면 용이하다. 시음의 결과는 다음의 표와 같다.

와인번호	시음자 1	시음자 2	시음자 3	시음자 4	합계	의견
1	2	1	1	2	6	채택
2	4	3	2	4	13	탈락
3	1	4	3	3	11	
4	3	2	4	1	10	

표를 해석하면 가격이 동일하면 1번 와인은 채택이다. 순위의 합계에서 가장 낮은 점수를 얻었기 때문이다. 2번 와인은 배제된다. 3번과 4번의 와인은 차이가 별로 없다. 만약 2개의 와인 중에서 선택하려면 두 와인만의 별도 시음을 해야 한다. 그리고 시음자도 한 사람 혹은 두 사람을 교체해야 한다.

5. 와인 창고 관리

와인 셀러의 관리는 와인의 보관 온도와 습도 등이 와인의 숙성에 좋은 환경이 되도록 하는 것과 와인의 재고를 관리하고 와인의 주문, 와인의 입고와, 출고 및 판매하는 것이 주된 일이다.

셀러의 업무는 와인의 주문, 입고, 재고, 출고 관리와 와인의 가격 책정 등의 업무로 구분된다.

1) 와인의 발주

공급자 선택 후에 공급자에게 주문서가 발송이 된다.

- 이메일, 서면으로 또는 전화로, 공급자의 사무실(포도주 공장이나 전문 전시회 등)에 방문할 때 또는 대리점의 직원이 왔을 때 주문을 한다. 모든 경우에 정확한 주문서가 작성되어야 한다.

2) 입고 관리

- 까브 담당자는 배송 물품의 내용물을 확인하고 주문서와 배송품이 일치하는 지 확인해야 한다.
- 납품자는 고객에게 납품한 상품의 증빙 서류를 제출해야 한다. 이들 서류는 일반적으로 납품회사에서 같은 양식으로 작성해서 지참한다.
  납품서: 상품을 납품한다는 서류
  인수증: 상품을 정확하게 인수했다는 서류
- 납품서를 보고 제품의 인수 책임자는 발주했던 주문서를 비교한다.
- 납품서와 내용물을 확인한다.
  납품이 일치하면 인수증에 사인을 한다. 만일 일치하지 않으면 인수증의 사인을 거절하거나 사용의 보류를 언급한다. 예를 들면 도착한 소포에서 포트 2병이 깨어져 있고, 1상자에서는 샴페인이 1병 부족하다면 이 사실을 명기한다.

알코올이 함유된 음료인 경우 조심해야 한다. 병의 캡슐에 CRDCapsule Representatives des Droits 표시가 있는 지 확인하거나 서류를 요구해야 한다. 동반한 서류들은 확실하게 보관해야 하며 관청에서 언제나 요구될 수 있다.

Capsule CRD는 알코올 소비세를 DGDDIRirection Générale des Douanes et Droits Indirects-영어로 General Directorate of Customs and Indirect Taxation-에 납부했다는 것을 표시한다. DSA, DCA 혹은 DAE 없이도 프랑스 영토 내에서 마케팅하거나 유통을 허가받은 것이다.

알코올과 알코올 음료에 관해서 이 제품이 EU를 떠나는 캡슐 혹은 제3국은 DGDDI에 요청하면 fee를 되돌려 받을 수 있고 외국에서는 이 제도가 사용되지 않게 된다.

3) 재고 관리

재고 와인들은 좋은 조건에서 보관되어야 한다. 좋은 재고 관리를 하기 위해서 필요한 방법으로 잘 정돈해야 한다(회전, 계속적인 이동, 가격 조정 등). 좋은 수익성을 위해서 유일한 방법이다. 그중에서 재고의 회전은 특히 조심해야 한다.

새로 도착한 것은 이전에 입고되어 선반에 있는 병들의 위에 보관하는데 이것은 여러 가지의 감가상각을 초래한다(빨리 마셔야 될 것을 너무 오래 보관하는 경우 와인이 아닌 다른 음료들은 유통 기간을 지나버린다).

와인은 합리적인 순서로 지역과 타입으로 다시 분류해서 저장되어야 한다. 각 수납함에는 번호를 부여하고 더 좋은 방법은 상품의 정보를 가지고 있어야 한다. 회전이 빠른 물품은 접근이 용이한 수납 장소에 보관하고 반대로 오래된 와인과 희귀 와인은 창고 안의 접근하기 어려운 곳에 보관해서 많은 사람들의 접근을 금하도록 한다.

보관 중인 와인은 각 병이 이동을 기재한 표와 같이 보관되어야 한다. 즉 입고, 출고, 감가상각의 가능성(병의 파손) 등을 기재해야 했다.

시스템이 정보화든지 수동이든 재고표는 항상 다음의 것을 알 수 있도록 해야 한다.

- 와인이 보관되어 있는 수납함의 번호
- 재고 와인의 수
- 각 상품별 입고 일자
- 각 상품별 출고 일자와 담당자명

다음의 사항도 마찬가지로 표기해야 한다.

- 납품자 성명
- 단가
- 최고 재고 및 최저 재고(회전이 빠르고 교체가 쉬운 와인의 경우)

4) 판매 가격 결정

• R.M.P. 방법: 가중치를 준 중간가

원칙은 매입 시의 여러 가지 가격들의 중간가를 얻는 것이다.

예를 들면 단가 5유로 와인 10병, 단가 6유로 와인 60병을 매입한 경우

총 매입가 50 + 360 = 410유로,

병당 단가 410/70 = 5.85유로로 한다.

장점: 간단하고 현실적으로 많이 사용되고 있다.

단점: 재고 총액을 과다 평가할 수 있는 방법이다.

- FIFO 방법: first in first out

원칙은 선입선출한다는 것이다.

창고에서 오래 보관된 와인 먼저 출고하고 재고 소진 시까지 예전 가격으로 판매한다.

장점: 재고가는 새로 입고된 가격에 접근한다.

단점: 원가 계산 시에 품목의 가격은 오래전 입고된 가격이다.

- LIFO 방법: last in first out

(참고로)원칙은 나중에 입고된 것을 먼저 출하한다는 것이다.

장점: 원가 계산 시에 사용되는 제품의 가격은 나중 입고된 가격이다.

단점: 현실에 비해서 가격이 저평가된다. 가격 하락의 위험도 있다.

결론적으로 이상적인 해결책은 없다.

각각의 방법은 장점과 단점이 있다. 최종 재고의 평가는 선택하는 방법에 따라서 다르다. 정보처리의 일반화로 PMP 방법이 점점 더 많이 사용되고 있다.

5) 출고 관리

전산화된 회사와 아직 전산화가 안 된 회사는 접근에서 다르다. 모든 경우에서 다음의 목표에 도달해야 한다.

- 상품의 모든 이동을 잘 제어해야 한다.
- 해당 업종에 따라서 수치화해야 한다(레스토랑, 식당, 룸 서비스 등).

• 꺄브 책임자가 일하기에 용이해야 한다. 예를 들면 전산화 시스템의 경우, 상품의 코드 번호와 관련한 보관 구역 번호가 일치하도록 해야 한다. 이 번호는 주문서의 번호를 상징하고 시간 절약은 무시할 수 없다. 백업 서류를 같이 사용하는 회사에서는 다음의 시스템이 채택될 수 있다.
• 3가지 샘플로 전표를 만든다. 원본은 서비스에 따라서 다른 컬러로 한다.

출고는 재고표에 기재하고 그 만큼 재고 수를 삭제해야 한다. 일반적으로 이러한 작업이 출고와 동시에 일어나지 않는다. 매우 자주 짧은 기간이지만 출고는 정리되지 않은 상태가 되나 당일 꼭 정리해야 한다.

• 반품: 창고에서 혹은 서비스 중 병들이 깨어질 때에 생긴다. 결감 처리를 해야 하며 관청의 가능한 검사에 대비해서 증거를 얼마간 보관해야 한다(코르크와 깨진 병의 주둥이와 캡슐).
  전표는 번호를 매겨야 하며 감사 때에 빠져서는 안 된다. 만약 작성할 때에 에러가 있으면 전표는 취소되어야 하고 폐기되어서는 절대 안 된다. 자세한 단위와 상태를 잊어서는 안 된다(병, 드미 병, 포장 등).

모든 전표는 가격 책정에 관계된다. 한 제품이 재고 부족 상태가 꺄브의 근무 시간 이외에 생길 수 있다. 예를 들면 주방용 100ml 꼬냑, 그릴에 사용되는 맥주 등 문제가 된 제품의 주문을 다른 서비스를 통해서 할 수 있다. 이런 경우 이송 전표를 작성해야 한다. 이것으로 실제로 사용되는 상품을 계상할 수 있다.

전산화는 비교적 많이 진행되고 있으며 실행하는 회사에서 뛰어난 결과를 가져온다. 업무의 중요성은 가격 책정, 정보처리 기술으로 구성된다.

전산화는 이런 결과를 얻는 데 필요한 업무 비용을 엄청나게 감소해준다.

- PMP 계산, 각각 다른 서비스를 위한 출고가를 알게 해주는 비용 등
- 그러나 동종 제품들의 분배, 재고 상태 등의 비용도 감소해준다.

• 주의

출고와 출고가 책정에 관해서 간략한 방법으로 처리되고 이들은 차이가 별로 없기 때문에 회계과로 넘어간다.

관리 시스템은 가끔 종업원들에 대한 신뢰감이 부족한 사람이 나쁘게 느낄 수 있다. 물론 호텔에서는 다른 곳에 비해서 부정직한 사람이 많지 않다. 그러나 가끔 소홀한 것이 나타난다(식전주, 소화제, 청구서 없는 와인병). 만일 소홀히 하는 것을 반복하던지 회사의 재정 균형을 오랫동안 해치는 종업원에게는 인식하도록 해줄 필요가 있다.

6) 재고 조사

재고표는 이론적인 재고 혹은 장부상의 재고를 알게 해준다. 그런데 경험적으로 가끔 장부상 재고와 실제 재고가 맞지 않을 때가 있다. 이것이 현장 재고 조사를 주기적으로 실시하는 이유이다.

- 회계 감사 끝에
- 계절적인 사업인 경우 계절 끝에
- 재고 관리 책임자가 바뀔 경우
- 정기적으로 또는 불시에
- 이상적인 것은 레스토랑과 관련 없는 사람에게 위임하는 것이나 이것은 언제나 가능한 일은 아니다.

재고 조사의 목적은 창고의 재고를 계산하는 것이다. 일반적으로 재품의

타입에 따라서 실시된다. 그 다음 현장 재고 조사와 장부상의 재고 조사를 대조해 보아야 한다. 차이가 확인되는 때에는 차이가 나는 이유를 알기 위한 조사를 추진해야 한다. 직관을 가지고 행동해야 한다. 왜냐하면 꼭 절도가 문제되는 것은 아니기 때문이다.

어떤 차이점은 옮겨 적을 때 실수일 수도 있다. 그 경우 실수의 원인이 되는 것까지 이동을 역순으로 고쳐야 한다. 수정된 것은 붉은 색으로 표시하는 것 이 바람직하다(혹은 전산 시스템을 관찰한다). 그리고 수정하게 된 이유를 간략히 표시한다.

만일 차이점이 설명이 되지 않으면 장부에 재고 조사의 차이들 기재해야 한다. 그리고 실제 재고 책임자들을 열거하는 방법으로 기재한다.

• 꺄브의 하루

재고 조사는 매일, 그 위에 매 서비스를 마친 후, 서비스를 완료한 후에 한다. 부족분을 전날 판매와 비교하고 필요한 경우 서비스와도 비교해 보아서 꼭 일치를 해야 한다. 그렇지 않으면 차이가 나는 이유를 찾는 것이 필요하다.

부족량과 판매량과의 사이의 비교는 기업의 크기나 타입에 따라 실시되어야 한다. 현재는 전산화가 판매를 매우 빨리 알게 해준다(대기업의 경우 판매가 일어나는 시점에서).

6. 와인의 판매

1) 판매 정책

각 회사들은 사업 목표를 가지고 있다. 시장에서 자신의 위치를 유지하든지 혹은 시장에서 점유율을 제고하기 위해서이다.

음료의 영업도 일반적인 규범을 벗어나지 않는다. 레스토랑에서의 음료 판매 정책은 다음의 방식으로 요약할 수 있다.

- 목표: 부서의 총 판매액 성장
- 하위 목표: 합리적인 마진 관리, 경쟁자 따돌리기, 레스토랑 서비스 향상 등

목표 달성을 위한 중요한 방법

- 제품의 품질
- 기존 제품의 재발견
- 유능한 전문가 확보
- 잘 만들어지고 표현되는 와인 리스트

① 제품의 정책

확실한 근거에 의해서 결정되지 않을 수 있다. 신제품을 위해서 시장을 조사를 하고 기업의 존립을 위해서 판매를 분석해야 한다. 공급이 고객의 요구에 맞을 때에는 항상 수익성이 좋다.

이것을 choix marketing이라고 말한다. 이것은 다음을 고려해야 한다. 회사의 타입과 크라스, 지정학적 위치, 고객, 회사에서 준비할 수 있는 요리의 타입, 창고의 품질, 사용 가능한 예산 등

• 업소의 타입과 크래스

고급 레스토랑과 스타 레스토랑들만 그랑 끄뤼 와인을 팔 수 있는 것은 아니지만 이런 회사들은 당연히 고가의 와인들을 판매해야 한다. 여기에 맞추어서 요리의 가격도 추천되어야 한다. 그럼에도 불구하고 이런 타입의

회사에서도 와인 리스트에 그랑 뱅만 있어서는 안 된다. 적당한 가격대의 와인들이 세계의 지도자들에게도 인기가 있다. 값 비싼 와인 한병 판매하는 것은 매상에 중요하다. 그러나 마진에서는 꼭 그렇지는 않다는 생각을 항상 가지고 있어야 한다.

작은 규모의 레스토랑에서는 와인의 추천이 너무 비싸지 않은 가격대의 와인들이 리스트의 대부분을 차지한다. 그럼에도 불구하고 프랑스의 각각 다른 지역의 좋은 와인도 가지고 있어야 한다. 와인 애호가들에게 생일이나 모임 등 행사에서는 매일 마시는 와인이 아닌 것을 추천한다.

• 지역적인 경우

레스토랑이 한 중요한 와인 산지에 있다면 그 지역 와인들을 보관해야 한다. 예를 들어서 레스토랑이 아비뇽에 있다면 론느 와인들을 많이 보관해야 한다. 반대로 보르도 지역 와인이 하나도 리스트에 없어서는 안 된다. 너무 지역 와인으로 편중되는 것과 너무 반대로 될 필요는 없다.

• 고객

기업의 타입이나 크라스와 관계없이 고객은 중요하다. 추천하는 와인의 선택은 고객의 관심에 따라서 달라져야 한다. 단골 고객에게는 부담 없는 vin du moment을 추천하고 지나가는 고객들에게는 지역 와인을 우선적으로 추천하는 것이 좋다.

• 요리의 타입

회사에서 판매하는 요리의 타입은 또 하나의 다른 결정 요인이다. 해산물과 생선 요리가 주종인 고급 레스토랑은 화이트 와인이 주가 되는 와인 리스트를 준비해야 한다. 반대로 많은 gibier 요리를 서빙하는 경우 그 요리에 적당한 여러 종류의 레드 와인을 추천할 수 있어야 한다.

• 까브의 품질

자체 까브의 품질도 중요하다. 저장 능력이 없는 곳 혹은 좋지 못한 조건에서 오래 보관하는 와인의 리스트는 제한해야 한다.

• 사용 가능한 예산

새로 개업한 레스토랑은 와인 리스트에 많은 종류와 오래된 빈티지 와인을 올리기 어렵다. 오래 영업 중인 가족 레스토랑들 중에는 가끔 몇 세대에 이어져 오는 것도 있다. 이런 곳에서는 많은 선택을 제공하는 것과 오래된 빈티지 제공하는 것은 매우 중요하다. 어떤 고급 레스토랑은 까브의 품질로 그들의 명성을 쌓아 왔다.

• 잔 와인

현재 와인 비스트로에서는 고객들의 요구에 부응해서 유행 중이다. 레스토랑 오너는 매우 자주 그라스 와인을 생각해야 한다. 특히 덜 유명한 와인, 고가의 그랑 뱅은 판매가가 비싸서 한 병의 구입은 엄두도 못 내었는데 잔 와인으로는 팔린다.

또 2가지의 와인을 한 테이블에서 시음한다(2가지 와인을 와인 잔 2개로). 잔 와인으로 판매하려는 경우 와인을 너무 다양하게 선정해서는 안된다. 끄뤼 와인은 잘 선택해서 제한할 필요가 있다. 경우에 따라서는 준비된 요리 메뉴를 같이 제시한다.

② 가격 정책

가격 정책은 회사에 중요한 일이다. 실제로 하나씩 차례로 보면

• 이익 수준

판매가 - 원가 = 이윤이다.

• 제품의 포지션

예를 들면 검토하는 와인과 같은 품종으로 다른 지역 와인과 비교

• 수요의 정도

영업 전략에서 중요한 요소이다.

제품 전략에 제약이 있는 경우

- 장기간 일정 가격을 유지하면 나중에 상당한 가격 인상을 가져올 수 있다.
- 손해보고 판매하는 것은 금지
- 재고 조절을 위한 소량 구매는 금한다.
- 가격에 따라서 수요는 다소간 탄력적이다.

이러한 고려에 따라서 제기되는 질문은 소량 판매는 마진율이 중요하고 대량 판매는 마진율의 인하가 바람직하다는 것을 꼭 인식하고 있어야 한다. 같은 인하이나 대량 판매가 모든 비용이 매상에 비율해서 증가하지 않는다는 것을 고려하면 마진이 커질 수 있다.

③ 판매가의 결정

가격 정책의 선택이 끝나면 다음으로 리스트에 나타나는 와인 가격을 확정해야 한다. 그리고 가격이 네트인지 서비스가 포함된 가격인지를 자세하게 신경써서 반영해야 한다. 판매가격은 경험적인 방법으로 결정되어서는 안되고 2가지의 관점에서 이성적으로 결정되어야 한다. 수익을 보장하는 재무적인 방법과 경쟁력을 가지는 영업적인 방법이다.

판매 가격의 결정은 다음의 사항을 고려해야 한다.

- 수익성
- 적법한 테두리 내에서
- 수요에 따라
- 경쟁을 감안
- 고객의 심리적 그리고 사회적 양상 등이 중요하다.

어떤 경우에도 판매가는 불변으로 정하여서는 안 된다. 최근 와인이 대부분 생산 지역에서 소비되는 것이 증가하는 것을 보여주고 있어서 주소지에서의 판매가 타 지역에서의 손실을 보완할 수 있어야 한다는 것을 잊으면 안 된다. 레스토랑 오너는 이러한 변화가 잘 반영되도록 노력해야 한다.

• 가격 결정 방법

일반적으로 재료비에 직접비와 간접비의 모든 계정에서 적용되는 지수를 곱해서 고정한다. 지수를 곱하는 것은 판매 가격을 결정하기 위해서 일반적으로 재료비에 적용된다. 지수 4가 일반적으로 추천되나 와인과 음료에는 꼭 현실적인 것은 아니다. 한 탁월한 방법은 제품이나 제품 타입의 마진을 조절하거나 다음에 거론되는 다른 요소를 조절하는 것이다.

- 회사의 타입에 관련해서 고객이 지불하기를 동의하는 가격
- 이익률이 기업의 재정 균형과 함께 공존하는 수준의 수익성 목표

결국 2가지의 계산 방법이 같이 활용될 수 있다.

• 첫 번째 방법

세금을 제외한 구입 가격에 지수를 곱하는 방법이다. 이 방법은 간단하나 리스트를 적극적으로 관리할 수 없다. 다른 관점에서 항상 믿을 만한 것은 아니다. 와인을 비싼 가격에 구입한 경우(예를 들면 오래된 빈티지)

일정한 지수를 적용하면 와인을 판매할 수 없게 된다. 와인을 싸게 구입했을 때에 고가 와인과 같은 지수를 적용하면 많이 팔아도 남는 것이 없게 된다.

• 두 번째 방법

세금을 제외한 총매상의 부분으로 결정하는 것이다.

퍼센티지로 판매 가격을 산정하기 위해서 다른 모든 비용과 이익의 발생을 흡수하는 재료비에 의해서 표현된다.

이 방법은 영업 관점과 마찬가지로 재무적인 관점에서 장점이 있다. 반대로 일반적인 판매의 규정을 따르게 되어 마진이 큰 것보다 마진이 적은 와인이 판매되는 현상이 빨리 나타난다.

와인에 따라서 마진을 조정하는 것이 바람직하다.

결국 마진의 정책은 와인 리스트에 있는 모든 와인을 같이 정의할 필요는 없다. 와인에 따라서 혹은 와인의 타입에 따라서 해야 한다.

마진의 인하는 레스토랑에서는 판매하기 어려운 그랑 끄뤼 와인에는 가능하다. 그러나 와인의 구입가가 별로 높지 않은 와인은 마진이 중요하다.

절대적인 규칙은 없다. 활용을 책임지는 사람은 고객과 회사가 받아들일 수 있는 이익 내에서 선택을 해야 한다,

판매 가격이 결정되면 그 다음에 와인 리스트의 편집으로 넘어간다.

7. 와인 리스트 제작

와인 리스트는 손님의 테이블에 꺄브가 반영된 모습이다. 와인 리스트는

깔끔하고 자세하고 잘 표현되고 합리적으로 정리되고 특히 어떤 혼동도 없어야 한다.

1) 와인 리스트 작성 시 고려할 사항

와인 리스트를 작성할 때에 여러 가지 다른 기준들이 고려되어야 한다. 회사의 타입과 크기, 지리적 상황, 고객, 추천하는 요리의 타입, 꺄브의 품질(와인 재고와 보관 상태)등이지만 법적인 면도 고려해야 한다.
법적인 면: 매우 중요한 점이다. 왜냐하면 와인 리스트를 규제하는 법과 법령, 규정이 있기 때문이다.
간단한 유의 사항

- 사기와 변조에 관하여
- 1906년 수정된 법
- 1919년 수정된 원산지 명칭 규제법
- 1973년 12월 27일(Royer 법): 허위 광고 규제, 이 법은 문제가 되는 주장과 표시를 적절히 입증하는 요소를 가질 수 없는 모든 형태의 광고 혹은 설명회를 금지하는 것이다.
- 1978년 1월 10일 상품과 서비스의 소비자의 보호와 정보에 관한 법
  레스토랑의 타입과 크기에 따라서 와인 리스트나 메뉴판을 의무적으로 게시해야 한다.

와인의 등급은 와인 리스트 혹은 표에 기재하는 것에 대해서는 의무는 아니다. 반대로 결과적으로 이른바 등급에 혼동을 주는 모든 일은 검토해야 한다. 명칭은 혼동을 주지 않는 것으로 찾아야 한다.
vins de la region de Bourgogne가 Bourgogne보다 선호되고 vins

de la region Champagne가 Champagne보다 선호된다. vins de la Vallée du Rhone가 Cotes du Rhone보다 낫다.

뒤의 표현은 매우 제한적이다. 그 표현은 많은 와인들을 Cotes du Rhone으로 잘못 알게 되는 것을 방지한다.

와인 리스트 작성에 관한 정보는 DGDDIDirection Generale des Douance et des Droits Indirects에서 얻을 수 있다.

2) 와인 리스트

와인 리스트는 외형에 관계없이 리스트는 오류가 없이 완전해야 하고 고객이 선택하기 쉽고 직원이 작업하는데 용이해야 한다(오늘의 요리 등으로 메뉴가 자주 바뀌므로).

좋은 와인 리스트는 엄청난 수의 끄뤼 와인을 보여주는 것이 아니다. 제품 정책에서 보았듯이 출고할 때에 손쉬운 방법을 찾는 것이 가장 좋은 것이다. 예를 들면 지리학적 순서에 의해서 와인을 북쪽에서 남쪽으로 기재한다. 자주 서빙되는 와인들의 원산지와 특징에 관해서 간략하게 적어서 사무실에 메뉴와 같이 와인 리스트를 게시하는 것도 좋은 방법이다.

3) 재고 품절 문제

와인 리스트가 제작되면 수정을 표시하고 유지하는 것이 중요하다. 불행히도 어떤 와인은 품절이 되기도 하고 빈티지가 바뀌기도 한다. 고치려고 줄을 그은 것을 자주 볼 수가 있는데 고객이 리스트에 줄이 쳐진 것을 보면 기분이 좋지 않을 것이다. 리스트가 즉시 교체되지 않으면 문제가 되는 와인의 경우 가격 위에 품절이라고 쓴 스티커를 붙인다.

그러나 조심해야 할 것은 한두 개의 스티커는 용서가 가능하나 그 이상이면 다른 방법을 검토해야 한다. 고객이 선택하지 않을 것을 기대하고 리스트에 두어서는 안 된다. 경험적으로 보면 많은 고객들이 품절된 와인을 주문하고 있다. 게다가 만일 리스트가 외부에 알려지면 레스토랑 주인은 허위 광고로 추적 될 수도 있다. 회사의 이미지에 먹칠을 하게 되는 수가 있다.

4) 피해야 할 오류

원산지 보호를 받는 와인 중에서 원산지 표기를 하지 않아서 생기는 실수 이외에 다른 실수들도 매우 자주 리스트에서 발견된다.

자주 인용되는 곳 중에서 Monbazillac을 보르도 와인으로 소개하는 것(Bergeracois 와인임) 혹은 원산지를 대충 적은 것은 정확하게 원산지를 적거나 vin de table를 기재해야 한다.

Blanc de Blancs은 Blanc de Blancs au lieu de Blanc de Blancs으로 Champagne nature는 샴페인이 아니고 still wine이므로 정확한 AOC인 Coteaux Champenois를 기재해야 한다.

Pouilly를 짧게 기재한 것은 Pouilly-Fusse 혹은 Pouilly-Fumé로 정확히 기재해야 한다.

Sauvignon, Gamay, Cabernet, Viognier 등 포도 품종으로만 기재한 것 등은 등급을 Vin de pays 등을 기재해야 한다.

Tavel을 프로방스 와인으로 소개된 것은 Cotes-du-Rhone 와인으로 기재하고 Rosé de Provence는 Cotes-de-Provence rosé로 표기해야 하는 것 등이다.

8. 소믈리에의 복장

소믈리에의 복장은 다음과 같이 단징하게 갖추어야 한다.

- 양복 상하의: 검정색, 와이셔츠: 흰색
- 넥타이: 검정색 보우타이, 조끼: 검정색
- 앞치마: 검정색, 구두: 검정색
- 양말: 검정색, Liteau(냅킨): 흰색 등

여성 소믈리에도 같은 색깔이나 바지 대신 치마를 입을 수도 있다. 그 이외에 두발 상태도 단정히 하고, 손과 손톱도 단정히 하고, 화장을 짙게 해서는 안 된다. 짙은 향수도 피해야 하고 양복의 깃에 포도송이 모양의 소믈리에 배지를 꼭 부착하고 근무해야 한다.

와인의 서빙

일반적인 음료 서비스와는 다르게 와인 서비스는 그 영업장의 수준을 나타내는 것이며 또 와인의 매상은 레스토랑의 총 매상에서 큰 비중을 차지하기 때문에 와인 서비스에는 특별한 주의가 필요하다. 와인 서비스가 좋은 고급 레스토랑인 경우 고객들은 좋은 와인을 마시러 기꺼이 그 레스토랑을 방문하길 원할 것이다. 레스토랑은 집에서 와인을 마시는 것과는 다른 가치가 있어야 하며 이것이 없을 때는 차라리 가정에서 와인을 마시게 될 것이다.

1. 와인의 주문과 와인 설명

손님에게 와인의 주문을 받고 난 후에 주문한 와인을 가지고 와서 서빙하기 전에 먼저 와인 병과 상표를 손님에게 보여주면서 그 와인에 대해서 간략하게 설명한다. 주문한 와인이 맞는지를 확인시키고 서빙을 하여야 한다. 구체적으로 와인의 주문과 설명의 예를 보면 다음과 같다.

1) 와인의 주문 받기

고객이 7~8인이 단체로 와서 음식을 주문하고 앉아 있다. 고객 중에 호스트인 분 옆으로 접근해서 “안녕하세요?” 하고 인사를 하고 와인 리스트를 보여주며 “어떤 와인을 드시겠습니까 ?” 하고 질문을 한다. 고객이 와인을 결정하면 “네, 그 와인으로 준비해 드리겠습니다.” 하고 준비를 한다.

만일 고객이 소믈리에에게 추천해줄 것을 요청하면 “네, 고객님께서 주문하신 에피타이즈에는 ○○ 와인이 적당하고 앙뜨레에는 ○○ 와인이 잘 어울립니다. 그리고 야채 요리에는 ×× 와인이 잘 어울리고 메인 디쉬는 특징이 ○○○하므로 이 요리에는 ○○○나라 ○○○지역에서 ○○○품종으로 만든 ○○○빈티지의 샤또 ○○○의 와인이 잘 어울리므로 추천드리고 또 디저트 와인으로는 ○○ 와인을 추천드립니다.

위와 같이 각각의 요리에 와인을 하나씩 추천한다(고객이 1~2분이면 고객에게 문의하고 여러 병을 추천하지 않고 메인 디쉬에 대한 와인만을 추천할 수도 있다).

2) 와인 설명하기

고객이 주문한 와인을 들고 와서 와인 병의 상표를 고객에게 보여주면서 “고객님께서 주문하신 샤또 ○○○ ○○○○년산은 어떤 특징이 있으므로 주문하신 요리에 잘 어울리는 와인입니다.”라고 설명한다. 고객이 OK 하면 코르크를 뽑는다.

2. 코르크 뽑기

코르크를 뽑기 위하여 화이트 와인이나 스파클링 와인의 경우 바구니나 아이스 버킷 속에서 와인 병을 꺼내지 말고, 그 상태 그대로 코르크를 뽑도록 해야 한다. 이때 윙 스크류를 사용해서는 안 되며 T자형 스크류는 사용하기에 힘이 들고 또 고객이 보는 데서 세련되게 코르크를 딸 수 없으므로 반드시 소믈리에용 코르크 스크류(소믈리에 나이프)를 사용해야 한다.

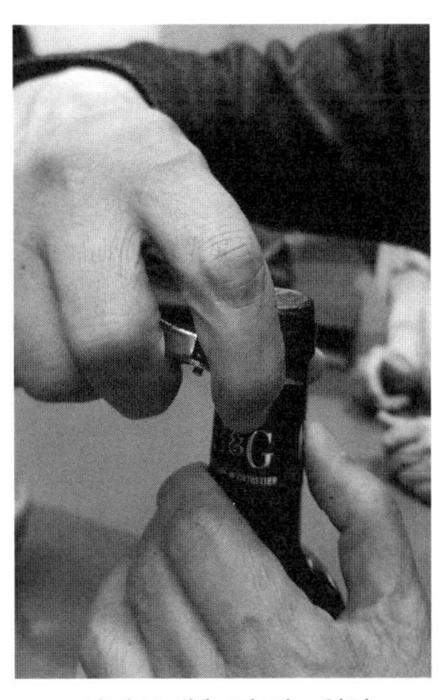

사진 5 캡슐 자르는 위치

• 캡슐을 제거한다.

소믈리에 코르크 스크류에 부착되어 있는 나이프로 캡슐을 자를 때에 조심해야 할 것은 위치이다. 즉 와인 병의 주둥이 부분에 있는 링의 아래쪽의 캡슐을 잘라야 한다.

왼손으로 와인 병을 세게 잡고 오른손의 엄지손가락을 와인 병의 링 반대편에 대고 칼날 부분으로 캡슐을 눌러서 돌려준다. 이때 와인 병의 상표가 고객을 향하게 하고 와인 병은 돌리지 말아야 한다.

캡슐이 동그랗게 잘라지면 다음으로 오른손 엄지를 병구 코르크 위를 누르고 나이프의 끝부분으로 링 부분 캡슐을 약 1센티미터 간격으로 2군데를 아래에서 위쪽으로 그어준다. 약 1센티 간격으로 그어진 곳을 칼날로 긁어 올리고 난 후에 링 윗부분의 나머지 캡슐 전체를 나이프로 제거하고 제거된 캡슐은 포켓에 넣는다. 캡슐을 제거하고 난 후에 리토(리넨)로 코르크 위부분과 병구 부분을 깨끗이 닦아준다. 병구의 코르크 윗부분은 가끔 술이 새어 있거나 곰팡이가 있을 수 있고 병구 외부에는 와인이 새어나와 말라 있을 수도 있기 때문이다.

• 코르크를 뽑는다.

사진 6 코르크 스크류 잡기 (바른 자세)

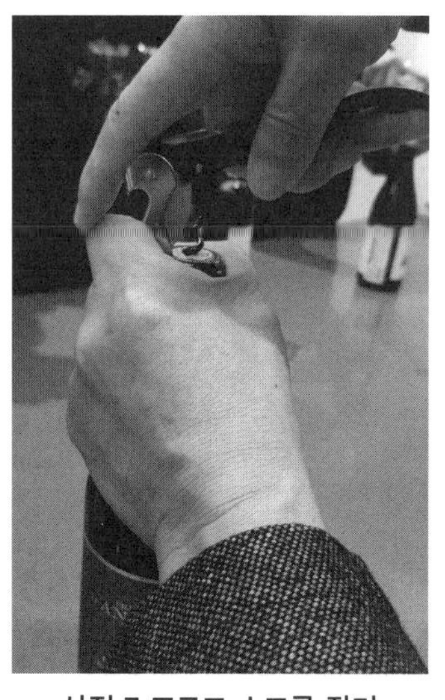

사진 7 코르크 스크류 잡기 (잘못된 자세)

스크류의 끝을 잘못 꽂으면 스크류가 비뚤게 들어가서 나중에 코르크가 부러지는 경우가 많으므로 상당히 조심해야 한다.

코르크에 스크류를 꽂을 때에 스크류 끝의 뾰족한 부분이 코르크의 한가운데에 오도록 애쓸 필요는 없다. 스크류의 원이 코르크의 가운에 오도록 하고 스크류의 위 손잡이를 눌러 주면서 시계 방향으로 돌리면 스크류가 들어가는데 스크류가 조금 들어가면 그 다음에는 누르지 않고 돌리기만 해도 잘 내려갈 것이다.

스크류의 끝이 코르크 끝까지 내려가서 와인 속에 코르크 부스러기가 떨어지지 않도록 하는 정도의 깊이로 꽂는다.

너무 얇게 꽂으면 코르크가 올라오다가 부러질 수도 있으므로 대체로 스크류의 마지막 나선이 남아 있는 데까지만 넣은 뒤에 스크류의 걸쇠 부분을 구부려서 1단 걸쇠 부분을 병구에 고정시키고 왼손으로 스크류의 1단 걸쇠 부분을 병구 부분까지 단단히 감싸 잡는다.

오른손으로 스크류의 몸체 부분을 잡고 오른손 검지를 뻗어서 직각 부분에 얹고 지렛대를 이용해서 나머지 3개의 손가락을 수직으로 들어 올라오도록 한다. 검지 손가락이 앞으로 밀려 나가면 코르크가 휘어져 부러질 위험이 있으므로 손가락 3개를 수직으로 올려서 코르크가 부러지지 않도록 유의해야 한다.

코르크가 어느 정도 올라오면 다시 2단 걸쇠를 병구에 걸어준다. 같은 방법으로 스크류가 수직으로 올라오도록 한다.

이때 1단과 2단 걸쇠의 연결 부분이 약간 꺾이게 하여 올라오는 코르크가 1단 걸쇠에 걸리지 않도록 해야 한다.

사진 8 손으로 코르크 뽑기

- 마지막은 손으로 코르크를 뽑는다. 코르크를 끝까지 뽑아내지 말고 거의 다 나왔을 때쯤 코르크는 그냥 두고 왼손으로 병의 목과 코르크를 감싸 잡고 오른손으로 스크류만을 돌려서 가만히 뽑는다. 그 다음 꽂혀 있는 코르크는 최종적으로 손으로 돌려서 뽑아낸다. 이때 코르크를 지그재그로 움직여서 서서히 뽑는다. 단번에 뽑아내면 펑하는 소리와 함께 코르크가 나오고 동시에 병 속의 와인도 튀어나와서 난처하게 되는 일이 있으므로 조심해야 한다.
- 코르크로 병구 안쪽과 병구 위쪽을 냅킨으로 닦아준다.
- 코르크의 냄새를 꼭 맡아본다.
- 고객도 냄새를 맡을 수 있도록 코르크를 건네준다.

3. 와인 서빙

1) 와인 서빙

① 시음

코르크를 딴 후에 먼저 시음할 고객의 잔에 와인을 소량만 따른다. 따를 때는 와인 병이 잔에 닿지 않도록 하고 또 너무 떨어지게 하면 와인이 잔 밖으로 쏟아질 수 있으므로 약 2~3센티 정도 띄어서 따른다. 소량의 와이을 따른 후 병구를 들면서 약간 돌려준다.

고객이 시음을 마치고 OK 사인을 줄 때까지 옆에서 대기하다가 고객이 OK 사인을 주면 서빙을 시작한다.

② 와인의 서빙

• 화이트 와인 서빙

화이트 와인은 아이스 버킷을 이용해서 온도를 맞추고 보조 테이블을 손님 테이블 옆에 두고 그 위에서 코르크를 따고 와인 서빙을 한다.

시음한 고객이 좋다는 신호를 하면 시음한 고객의 일행에게 와인을 서빙한다. 우선 여성 고객에게 먼저 따르고 다음에 남성 고객의 잔을 따르는데 방향은 시계 방향으로 돌아가면서 서빙을 한다. 마지막에 처음 시음한 분의 잔에 와인을 보충 해준다. 손님의 우측으로 접근해서 와인을 서빙한다. 남은 와인은 아이스 버킷에 병을 넣은 채로 접은 냅킨으로 덮어서 손님 테이블에 두고 보조 테이블 등은 치운다.

• 레드 와인 서빙

레드 와인도 화이트 와인과 같이 서빙하나 온도를 차게 할 필요가 없으니 아이스 버킷 없이 병을 들고 서빙한다. 서빙한 후에 와인이 남았으면 병을 테이블 위에 놓아둔다.

• 샴페인 서빙

아이스 버킷에 얼음을 담고 물을 채운 뒤 샴페인 병을 담아서 필요한 시간 동안 충분히 냉각시켜 온도가 6~8℃ 정도가 되게 한다(충분히 냉각이 되지 않거나 샴페인 병을 심하게 흔들면 코르크 제거 시에 샴페인이 분출되어 다른 사람에게 피해를 주는 경우가 있으므로 특히 조심해야 한다).

샴페인 잔과 물 잔을 고객의 테이블에 갖다 둔다.

〈보조 테이블 사용 시〉

- 보조 테이블을 손님 테이블 옆에 갖다 두고 접시 1개를 얹어 놓는다.
- 바케츠에 얼음과 물을 담고 그 속에 샴페인 병을 넣고 그 위에 냅킨을 얹은 상태로 쟁반 위에 놓아서 보조 테이블에 가져다 놓는다.
- 먼저 물 잔에 물을 서빙한다.
- 샴페인 병을 손님께 보여주면서 간략히 그 샴페인에 대하여 설명한다.
- 샴페인 병을 접시에 얹어놓고 캡슐을 제거하여 포켓에 넣는다.
- 다음 와이어 후드를 제거하여 접시 위에 올려놓는다.
- 다음 샴페인 병을 꺼내어 왼손으로 코르크와 병구를 같이 감싸 쥔다.
- 오른손으로 샴페인 병의 바닥을 잡고 오른손으로 병 바닥을 서서히 돌려준다. 왼손에 잡은 코르크는 고정이 되도록 하고 병은 서서히 돌도록 한다. 왼손에 코르크가 밀고 나오는 압력을 느끼게 되면 왼손을 더욱 단단히 잡고 서서히 가스가 빠지도록 한다. 어느 정도 가스가 빠지면 적당한 순간에 왼손에 잡고 있는 코르크는 잡고 병을 살짝 놓아주면 약간 "퍽" 하는 소리와 함께 코르크가 빠지면서 속의 샴페인은 넘치지 않을 것이다. 소리가 "뻥" 하고 크게 나거나 샴페인이 흘러넘치면 안 된다. 꼬르크를 뽑는 동작을 하는 동안 병은 45도를 유지하도록 하고 병구는 사람이 없

사진 9 샴페인 코르크 뽑기

는 쪽으로 향하도록 하여 혹 코르크를 놓쳐서 코르크가 튀어 나가서 사람이 다치는 일이 없도록 특별히 조심해야 한다. 샴페인이 충분히 냉각이 되지 않았거나 운반 도중 병이 흔들렸을 경우에는 병 내의 압력이 강해져서 코르크가 튀어나오는 일이 많으므로 특별히 조심해야 한다.

• 코르크를 접시 위에 올려놓고 냅킨으로 병 주위를 감싸고 엄지손가락을 병 바닥에 넣고 손바닥은 병의 옆을 받쳐서 시음할 손님의 잔에 소량을 따른다.

- 손님의 OK 사인을 받고 다른 손님들의 잔에 차례로 따른다.
- 거품 때문에 한 번에 따를 수 없으므로 1차 거품이 거의 잔에 차도록 하고 잠시 후 거품이 내려간 후 다시 따라서 잔을 채운다. 잔은 2/3 정도를 채우면 된다.
- 샴페인이 남아 있는 병은 다시 아이스 버킷에 넣고 그 위에 냅킨을 덮어 둔다. 병구를 샴페인용 마개로 씌워서 둘 수도 있다.
- 서빙이 끝나면 쟁반을 가져 와서 보조 테이블 위의 접시 등을 치우고 고객이 샴페인을 다 마시면 빈 병과 고객 테이블 위의 잔도 치운다.
- 병 바닥의 오목하게 들어간 부분에 엄지 손가락을 넣고 서빙하는 행동은 위험할 수 있다. 손이 작은 동양 사람들이 이렇게 샴페인을 따를 때에는 자세도 불안정하고 병을 단단히 잡지 못하므로 미끄러져서 병을 놓지는 사고가 가끔 발생하므로 특히 조심해야 한다. 손이 작은 사람은 안전하게 병을 잡는 것이 중요하다.

③ 와인 따르는 양

와인을 따르는 양은 잔의 크기에 따라서 다르다. 대체로 작은 잔은 절반에서 2/3 정도, 중간 크기 잔은 절반 정도, 큰 잔은 1/3 이하로 따른다. 그러나 업소에서는 너무 작은 잔은 사용하지 않는 것이 좋다. 와인 따르기가 끝나면 남은 와인은 테이블 위에 두고 "즐거운 시간되십시오."라고 인사하고 물러 나온다.

④ 와인 잔을 치우는 시기

화이트 와인 잔들은 레드 와인이 서빙된 직후에 빈 잔은 치우도록 하고 와인이 남아 있는 경우에는 고객에게 질문해보고 결정한다. 레드 와인 잔은 커피가 서빙되면 바로 잔을 치운다. 와인 잔을 다 치운 후에도 물잔은 그대로 남겨두도록 한다. 그러나 이러한 원칙은 업장마다 다를 수 있다. 대체적으로 쓰지 않는 잔은 치워서 테이블 위가 복잡하지 않도록 한다.

2) 서빙 온도

와인은 종류에 따라서 맛을 즐길 수 있는 온도가 다르다. 따라서 고객에게 서빙 하기 전에 적당한 온도로 맞추어야 한다.

	온도(섭씨)	와인 종류
레드 와인	16~19℃	오래 숙성되고 무거운 레드
	14~16℃	가벼운 레드
	12~14℃	어린 레드
로제 와인	8~12℃	로제
화이트 와인	14~16℃	오래 숙성되고 무거운 화이트
	10~12℃	가벼운 화이트
	6~8℃	단맛이 많은 와인
샴페인	6~10℃	샴페인
뱅 무스	4~6℃	뱅 무스

특별히 유의할 점은 다음과 같다.

- 화이트 와인에 얼음 조각을 넣지 말 것
- 화이트 와인을 얼리지 말 것
- 레드 와인을 너무 미지근하게 하지 말 것
- 레드 와인을 따뜻한 물속에 담그지 말 것
- 레드 와인을 난방기 위에 두지 말 것

① 화이트 와인의 온도 맞추기

샴페인같이 어렵지는 않으며 사전에 온도를 잘 맞춘 후에 이 병을 아이스 버킷에 담아서 손님 테이블에서 서빙하면 된다.

화이트 와인을 서빙할 경우 아이스 버킷으로 온도를 냉각할 때 그 냉각 시간은 다음의 표를 참고하기 바란다.

아이스 버킷에 얼음과 물을 채운 후 와인 병을 담그고, 적당한 시간이 지난 후에 서빙한다.

시간(분)	0	5	10	15	20
와인 온도(섭씨)	15.0	10.5	8.0	6.0	5.0

예를 들어서 와인 온도가 15℃인 경우 아이스 버킷에 20분간 두면 와인의 온도가 5℃가 된다. 다 마신 와인 병을 버킷에 거꾸로 꽂아두거나 코르크와 캡슐을 버킷에 던져 넣는 행동은 절대로 해서는 안 되는 행동이다.

② 레드 와인의 온도 맞추기

와인의 온도가 마시기 적당한 온도로 맞추어져 있어야 한다. 일반적으로 와인은 와인 셀러에 보관하고 있음므로 와인의 온도가 낮을 경우 13℃ 정도이다. 이 와인을 마시기 적당한 온도인 18℃ 내외가 되도록 미리 와인 셀러에서 꺼내어 실내에 두면 와인 온도가 상승하게 된다. 얼마 동안을 실내에 두어야 적당한 온도가 되는지 다음의 표를 참고하기 바란다.

시간(분)	0	20	40	60	80	100	120
와인 온도(섭씨)	13	14.9	16.1	17.4	18.3	19.2	19.9

〈실내 온도가 섭씨 23℃로 가정할 경우,
와인의 온도는 병의 중간 부분의 와인의 온도〉

예를 들어 셀러의 와인 온도가 15℃이고, 원하는 와인 온도가 18℃이면 와인을 약 60분 미리 꺼내어 실내에 두면 원하는 온도로 상승한다.

③ 샴페인의 온도 맞추기

샴페인은 특성상 차게 서빙되어야 하며 또 샴페인은 가스 압력 때문에 위험하기도 하고 손님들에게 실수할 수 있기 때문에 온도 관리에 조심해야 한다.

샴페인의 서빙 온도를 적당하게 하기 위하여 주로 아이스 버킷을 활용하게 되는데 이때 냉각 시간은 다음의 표를 참고하기 바란다.

시간(분)	0	5	10	15	20
샴페인 온도(섭씨)	15.0	10.0	7.5	6.0	5.0

예를 들어 샴페인의 온도가 15℃인 경우 아이스 버킷에 20분간 두면 와인의 온도가 5℃가 된다. 샴페인 병도 다 마신 뒤에 빈 병을 버킷에 거꾸로 꽂아 두는 행동은 삼가야 한다.

3) 디켄팅(decanting)

① 디켄팅decanting의 정의

디켄팅이란 와인을 서빙하기 전에 와인 속에 들어 있는 침전물을 제거하는 것이며, 디켄터decanter라는 유리 그릇 속에 와인을 조심스럽게 따라 담고 이 디켄터로 와인을 서빙한다.

어떤 와인을 디켄팅해야 하느냐, 서빙하기 얼마 전에 와인을 디켄팅해야 하느냐에 대해서는 여러 가지 다른 주장들이 있다.

그러나 한마디로 말해서 디켄팅해야 할 와인은 오래 저장해서 병 속에 침전물이 생긴 와인으로 주로 오래 보관된 레드 와인이 그 대상이다. 화이트 와인은 침전이 생겨도 육안으로 확인할 수 있기 때문에 따를때 조심하면 큰 어려움 없이 서빙이 가능하므로 일반적으로 디켄팅을 하지 않는다.

레드 와인은 병의 컬러와 와인의 적색 때문에 침전물을 확인할 수가 없다. 따라서 사전에 침전물을 제거해 주어야 하며 디켄팅이란 과정을 통하여 이들을 제거하여 맑은 와인만 서빙하는 것이다.

② 디켄팅의 목적

디켄팅의 목적은 와인 속의 침전물의 제거이다. 와인 속에 생기는 침전물은 주로 효모, 주석산 염, 단백질, 색소 등 여러 가지가 있으나 공장에서 숙성 공정을 통하여서 미리 제거하여 와인을 병에 담는다. 그러나 완벽하게 제거되지는 못하고 상당 부분이 아주 미세한 입자나 이온 상태로 병 속에 남아 있게 된다.

특히 오래된 와인의 경우 이러한 성분들이 물리적으로 응집하기도 하고 또 화학적으로 결합하여서 아주 서서히 침전하게 되며 보르도의 고급 레드 와인의 경우 대략 7~8년이 지나면 와인 병 바닥에 침전해서 갈아 앉게 된다. 만일 이런 와인을 디켄팅 하지 않으면 와인을 따를 때에 교반이 되어서 와인 잔에 따라지게 되어 마실 수도 있고 일부는 와인 잔에 침전물로 남아있게 되어서 기분 좋은 느낌을 주지 않는다.

이렇게 와인 병 바닥에 침전으로 남아 있는 성분들은 주로 주석산염, 색소, 타닌 성분 등으로 원료 포도에 있던 성분이며 인체에는 아무런 해가 없다. 이런 침전물을 사전에 제거해서 맑은 와인을 서빙하는 것이 디켄팅의 목적이다.

디켄팅의 또 다른 목적은 소믈리에의 품위 있는 디켄팅 과정을 통하여 하나의 볼거리를 고객에게 제공하여 즐거움을 주는 것이다. 이를 통하여서 고객들은 자신들이 특별한 대우를 받고 있다는 것을 옆 테이블에 있는 손님들에게 보여줄 수 있으므로 디켄팅은 와인의 서빙에 있어서 고객에게 최고의 예우를 해주는 서빙의 꽃이라고 볼 수 있다.

디켄팅이 좋은 세리머니가 되기 위해서 소믈리에는 많은 연습을 통하여 디켄팅을 세련되고 숙달되게 하여 고객을 실망시키지 않고 품위 있게 보여줄 수 있도록 노력해야 한다.

③ 부수적인 효과

디켄팅의 부수적인 효과는 디켄팅 작업을 하는 동안 와인이 많이 교반이 되는데 이를 통해서 와인의 표면적이 넓어지므로 와인 속에 포화되어 있는 향기 물질들이 공기 중으로 휘발하게 되어 향을 더 많이 느낄 수 있게 된다. 또 디켄팅 작업을 하는 동안에 시간이 경과하게 되는데 이 시간 동안 와인의 온도가 상승하게 된다. 일반적으로 액체의 온도가 상승하게 되면 기체의 용해도가 줄어들어서 액체 속에 포화되어 있는 기체가 휘발하게 되는데 와인도 마찬가지로 온도가 올라가게 되면 와인 속의 향기 물질들이 더 많이 기화하게 되어서 향을 더 잘 맡을 수 있게 된다.

또 디켄팅은 주로 레드 와인을 하게 되는데 레드 와인의 온도가 상승하면 인간의 미각 기관을 통하여서 와인 맛을 더 잘 즐길 수 있게 된다. 레드 와인을 차게 해서 마시면 쓴맛이 기분좋지 않게 느끼게 되어서 와인의 맛을 잘 즐기지 못하게 된다. 레드 와인은 온도가 실온 정도로 올라갔을 때에 맛이 더 좋은 것을 여러분들도 경험한 일이 있을 것이다.

이 디켄팅 과정을 통하여 부수적인 효과로 와인이 공기와 접촉하면서 여러 가지 성분에 변화가 생갈 수 있다. 이것은 디켄팅이라고 말할 수 없는 것으로 breathing이라고 부르며 와인이 숨쉰다고 말한다.

그러나 이렇게 와인 속의 여러 성분이 산화하여 일종의 숙성 효과를 볼 수 있다고 말하는 사람들도 있다. 특히 아주 어린 와인의 경우 높은 산도와 타닌 성분 등이 산화에 의하여 감소하고 맛이 부드러워지는 등의 효과를 기대할 수 있으나 이러한 숙성효과는 장기간이 필요하며 10분 혹은 20분의 시간으로는 상당한 정도의 효과는 보기 어렵다고 본다. 사람에 따라서는 여러 시간 전에 디켄팅해두는 것이 향을 좋게 한다고 말하기도 하나 이 또한 별 효과를 기대하기 어렵고 앞에서 말했듯이 오래 보관된 와인을 여러 시간 전에 미리 디켄팅해 두는 것은 와인에 상당히 해로울 수 있다.

다시 말하면 디켄팅의 주목적은 와인 속의 침전물 제거이고 디켄팅 과정을 통하여서 교반과 온도 상승으로 향이 더 많이 기화하게 되어 향을 더 많이 느낄 수 있게 되고 아울러 맛도 더 잘 즐길 수 있게 되는 부수적인 효과도 있다.

디켄팅과 Breathing에 관해서는 여러 가지 주장들이 있다. 이에 대한 전문가들이 의견을 알아보면 휴 존슨Hugh Johson은 "전통적으로 와인이 최고의 상태가 되기 위해서 몇 분, 몇 시간 혹은 어떤 경우에는 며칠 동안 숨쉬는 것이 필요하다."고 주장하는 사람들이 있다. 또 다른 한쪽은 과학적 근거로 무장하고 "그렇게 해봐야 별 차이가 없다."고 하는 사람들도 있다. 또 아예 "와인에 해로울 뿐이다."라고 주장하는 그룹도 있다. 특정 와인에 대해서는 각 주장들이 모두 옳다. 그러나 모두가 자기만이 옳다는 오류를 범하고 있다.
디켄팅에는 3가지 이유가 있다. 가장 중요한 것은 침전물의 제거이다. 두 번째는 테이블에서 디켄팅 작업은 매력적인 퍼포먼스이다. 세 번째는 와인이 숨쉬는 것이다. 앞의 2가지에 대해서는 시비를 거는 사람이 없다. 그러나 마지막의 이유에 대해서는 이견들이 많다. 또 언제 디켄팅하느냐에 대해서도 논쟁이 계속되고 있다.

Le Gout du Vin의 자자인 저명한 보르도의 뻬이노Peynaud 교수는 "디켄팅이 필요하다면 누구든지 테이블로 가져가기 전에 혹은 서빙 전의 가장 마지막 순간에 해야 하고 절대로 미리 해서는 안 된다."고 말했다. 뻬이노 교수는 에어레이션 혹은 와인이 숨쉬게 내버려두는 것(breathing)에 대해서 가끔 제기되는 병 속에서 재발효한 향이 있다는 피상적인 오류를 정당화하는 것이다. 그렇지 않으면 미리 디켄팅하는 것은 와인에 해로울 뿐이라고 말하고 있다. 이를 통해서 와인을 부드럽게 하고 조심스럽게 생겨난 화려한 부케를 흐릿하게 한다.
과학적 마인드의 미국인들도 상당히 비슷한 결론을 가지고 있다. 그들의 공통적인 생각은 미리 디켄팅하는 것은 다른 차이점을 찾을 수 없다는 것이다.
Standard French Restaurant Practice에서는 부르고뉴 와인은 디켄팅을 하지 않는다고 하고 있다. 어린 와인을 몇 시간 에어링하여 숙성시간을 준다는 것은 이해되나 공기 접촉을 막아야 할 오래된 와인들에게는 쓸데없는 일이라는 것을 알아야 한다.

Larouse gastronomique 책에서는 "transvaser un liquide trouble aprés l'avoir laisse reposer le temps que impuretés en suspens de dépo-sent"라고 정의하고 또 이어서 "on décante un vin en le transvasant delicatement dan un carafe, afin de laisser quelques heures se développer ses arômes s'il est jeune ou d'éliminer le dépôt qui s'est formé dan la bouteille au cours du vieillissement ; cependent, cette operation provoue une oxidation violent qui, dans certains cas, est néfaste pour le vin, surtout s'il est vieux.
"액체를 상당 기간 내버려두어서 현탁하는 부유 물질이 가라 앉혀진 액체를 다른 용기로 옮겨 붓다."라고 정의하고 추가하여 "우리는 어린 와인을 몇 시간 동안 그대로 두어서 와인의 향이 향상 되도록 하기 위하여 혹은 와인이 병 숙성을 통해서 생기는 침전을 제거하기 위해서 와인을 물병에 조심스럽게 옮겨 다켄팅을 한다. 그렇지만 이런 조작은 급격한 산화를 초래하여 어떤 경우에는 와인에 해롭다. 특히 오래 숙성된 와인의 경우가 그렇다."라고 설명하고 있다.
Le Petit Larousse는 décantation과 décantage 사이는 선택으로 남겨두고 이들 단어를 다음과 같이 정의를 내렸다.
"침전이 있는 액체를 천천히 다른 용기에 옮겨 붓다."

④ 디켄팅하는 법

준비물: 보조 테이블, 양초(양초는 너무 길지 않은 것을 미리 작은 접시에 붙여두는 것이 좋다), 작은 와인 잔 1개, 작은 접시 2개, 와인 병을 담는 바구니, 작은 성냥갑 하나, 냅킨(Serviette) 2장, 코르크 스크류. 쟁반, 디켄터

- 보조 테이블을 손님 테이블 옆의 적당한 곳에 둔다(손님 테이블에는 접시, 잔 등 여러 가지가 놓여 있으므로 디켄팅은 보조 테이블에서 하는 것이 바람직하다).

사진 10 디켄팅 준비 쟁반에 올려 놓은 준비물

- 양초, 와인 잔, 작은 접시 2개를 쟁반에 얹어서 왼손으로 든다. 이때 손과 쟁반 사이에 냅킨 2장을 접어서 잡고 오른손에는 디켄터를 들고 와서 보조 테이블에 놓는다. 냅킨은 보조 테이블 모서리에 대각선으로 놓는다.
  냅킨 아래에 작은 접시를 하나 뒤집어 놓아서 나중에 바구니 속의 와인병의 병구 부분이 약간 들어 올려지게 한다(바구니에 와인병이 수평으로 놓여 있으면 코르크 마개를 뽑았을 때에 와인이 쏟아지므로 이를 막기 위해서 병의 주둥이를 약간 높게 들어주기 위함).
- 다시 가서 바구니에 와인을 얹어 오는데 와인은 저장실에서 눕혀 있는 그 상태로 흔들리지 않도록 조심스럽게 다루어 누운 상태를 유지한다. 바구니째로 손님에게 와인을 보여주면서 와인에 대하여 간략히 설명한다. 철사로 된 support는 병을 그냥 담으면 되나 바구니의 경우 바구니 속을 냅킨으로 보기 좋게 깔고 그 위에 병을 놓는다.

사진 11 보조 테이블에 디켄팅 준비

- 다음 바구니를 냅킨 위에 놓으며 이때 냅킨 아래의 작은 접시 때문에 병구가 약간 들리도록 한다. 그 다음에 쟁반을 갖다 두고 온다.
- 그 상태에서 병목을 가만히 잡고 캡슐을 제거한 다음 제거된 캡슐은 다른 작은 접시에 얹어 두고 냅킨으로 병구를 가볍게 닦아 준다.
- 바구니에 와인이 담긴 상태에서 왼손으로 바구니를 잡고 혹은 왼손으로 병목 혹은 어깨를 잡고 오른손으로 코르크를 뽑는데 코르크가 거의 다 나올 즈음 병에 코르크가 아직 막혀 있는 상태에서 손으로 스크류를 코르크에서 조심스럽게 돌려 빼서 주머니에 넣는다. 손으로 코르크를 마저 뽑아 코르크의 냄새를 맡아보고 작은 접시에 얹어둔 다음 냅킨으로 병구를 닦아준다. 조심할 것은 손으로 코르크를 뽑아낼 때에 병구를 손님이 없는 방향으로 하고 코르크를 단번에 뽑지 말고 코르크를 지그재그로 천천히 움직이면서 뽑아야 펑하고 코르크가 뽑아지는것과 함께 와인이 튀기는 것을 방지할 수 있다.

- 왼손으로 바구니를 약간 기울여서 작은 와인 잔에 와인을 조금 따르고, 컬러를 보고 잔을 돌려서 냄새를 맡아 이상 유무를 알아본다.
- 잔에 있는 와인을 디켄터에 따르고 디켄터를 돌려서 디켄터 속에 와인이 골고루 젖도록 하여 디켄터 내부를 헹군 다음에 디켄터 속의 와인을 다시 작은 와인 잔에 따라서 보조 테이블에 둔다.

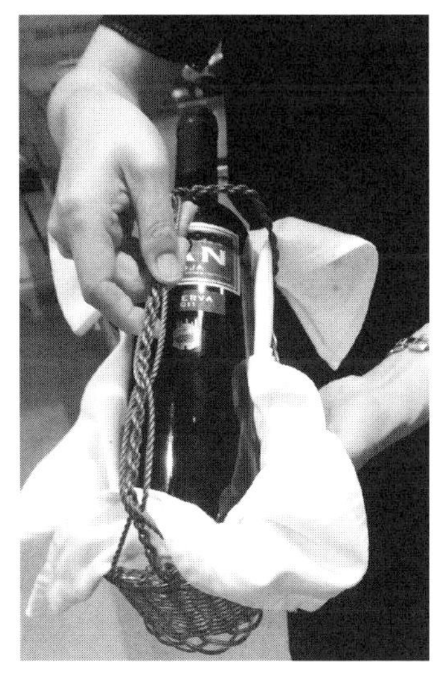

사진 12 와인 설명하기

- 디켄터를 자신의 왼쪽에 두고 오른쪽에 양초를 놓는다. 돌아서서 성냥을 켠 후 다시 돌아서 양초에 불을 붙인 후 다시 돌아서 성냥의 불을 끄며 불 꺼진 성냥개비를 작은 접시에 놓는다.
- 바구니에서 오른손으로 병이 누운 상태로 조심스럽게 와인 병을 꺼내어 병을 잡고 왼손의 디켄터를 잡고 와인을 디켄터에 따르는데 촛불 위에서 와인을 따른다. 촛불이 병의 어깨 근처 아래 오도록 해서 와인을 따르면 마지막쯤에 가서 침전물이 따라 나오는 것이 볼 수 있다.
  침전물이 따라 나오는 것이 보이면 디켄팅을 끝낸다. 이때 와인 병을 너무 빨리 세우지 말고 와인 병을 천천히 세워서 가능한 한 많은 와인이 디켄터에 담기도록 해야 한다. 와인 병의 남은 침전물을 촛불 위에서 확인한다.
- 따르기가 끝나면 빈 병을 바구니에 다시 담고 코르크를 병 옆에 놓고 사용 했던 성냥개비를 이용하여 양초의 심지를 눌러서 불을 끄고 다시 성냥개비로 눌러진 심지를 세워준다. 사용한 성냥개비를 성냥갑에 담고

사진 13 디켄팅 작업

사진 14 손님 테이블 위의 디켄터와 병과 코르크

성냥갑은 주머니에 넣는다.

- 왼손에 냅킨을 놓고 그 위에 디켄터를 얹어서 오른손으로 디켄터를 잡고 맛을 볼 손님에게 가서 테이스팅하도록 한다.

  테이스팅이 끝나면 먼저 숙녀분들에게 먼저, 다음으로 신사분들에게 서빙을 하는데 시계 방향으로 돌아가면서 서빙한다.

- 서빙이 끝나면 마지막으로 시음한 분의 잔에 와인을 서빙한후 디켄터는 손님 테이블에 놓고 보조 테이블에 있는 바구니의 병 옆에 코르크를 얹거나 혹은 Pique Bouchon에 꽂아서 병의 목에 걸어서 손님 테이블의 디켄터 옆에 놓아둔다.

- 손님에게 인사한 후 쟁반을 가져와서 잔, 양초, 접시 등 보조 테이블 위의 물건을 가지고 나가고 마지막으로 보조 테이블을 치운다.

4) 와인 액세서리

① 와인 잔

와인 잔은 주로 유리로 만들어진 잔을 사

용한다. 옛날에는 도자기잔, 주석잔 등을 사용하다가 유리를 만들면서부터 유리잔을 사용하게 되었다. 지금은 가정이나 레스토랑에서 유리로 만든 잔을 사용하고 있다.

와인 잔의 재질로 보면 소다 유리 잔과 크리스탈 잔으로 크게 구분된다. 소다 유리잔은 일상의 생활에서 사용되는 유리창, 유리 그릇 등에 사용되는 유리로 만든 잔이다. 소다 유리는 원료로 사용되는 것이 소다(산화나트륨), 석회(탄산칼슘), 모래(이산화규소)를 녹여서 만들기 때문에 소다 유리 혹은 석회 유리라고 부른다. 인체에 해가 없기 때문에 생활에서 음료수 잔으로 사용되고 있고 와인의 경우 대중적인 와인을 마실 때 많이 사용된다.

크리스탈 유리잔은 소다, 산화납, 모래를 녹여서 만드는데 유리가 투명하고 얇고, 가볍고, 소리가 아름답고 비싸다. 그래서 고가의 와인 잔에 많이 사용된다.

특히 산화납의 함량이 24% 이상 되어야 크리스탈이라고 부를 수 있다. 고급 와인을 서빙하는 경우에는 반드시 이 크리스탈 잔으로 서빙해야 한다.

■ 와인 잔의 종류

와인 잔의 모양은 여러 가지이다. 우선 와인 잔의 크기를 알아보면 화이트 와인의 잔은 레드 와인 잔보다 크기가 작다. 화이트 와인은 마실 때에 시원해야 맛을 잘 즐길 수 있다. 그런데 잔이 클 경우 대화하다 보면 와인이 오래 담겨져 있어서 와인의 온도가 올라가서 맛을 잘 즐길 수 없게 될 수 있다. 화이트 와인은 시원할 때에 마시고 아이스 버킷에 시원하게 냉각된 와인을 다시 따라 즐기도록 하기 위해서 화이트 와인의 잔은 작게 만들어졌다.

그에 비해서 레드 와인 잔은 크게 만들어서 한 번에 제법 많은 양을 잔

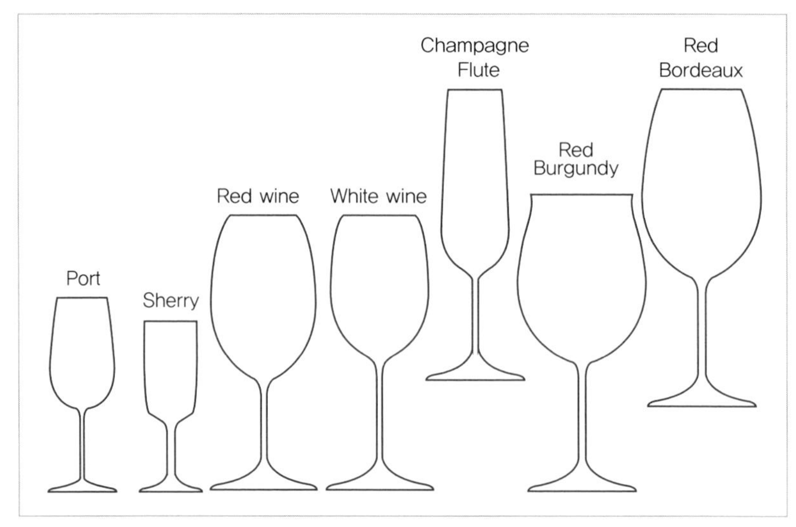

사진 15 와인 잔의 종류

에 따르고 대화하면서 마시다 보면 시간이 지나서 와인의 온도가 올라가게 되는데 와인의 온도가 올라가서 와인의 맛과 향을 더 즐길 수 있게 되므로 레드 와인의 잔은 크게 만들고 있다. 그리고 와인 잔의 모양도 여러 가지가 있는 것을 알 수 있다.

와인은 주로 포도의 품종과 지역에 따라서 향과 맛이 달라지는데 와인의 향과 맛의 차이에 따라서 잔의 모양을 달리 해서 각각 와인의 향과 맛을 더 잘 즐길 수 있도록 하기 위한 것이다.

예를 들면 까베르네 쇼비뇽과 메르로 등의 포도로 만들어진 보르도 와인은 향이 강하고 쓴맛이 많은 와인이다. 그래서 보르도 와인의 잔은 덜 오목하게 생겼다. 오목하지 않아도 향이 워낙 강하니 향을 맡는 데 큰 어려움이 없고 와인을 입 안에 부을 때에 약간만 기우려도 와인이 대략 혀의 중간쯤에 떨어진다. 그래서 신맛도 맛을 보지만 혀 안쪽에서 쓴맛은 확실히 잘 맛볼 수 있도록 한다.

부르고뉴 와인은 보르도 와인보다 향이 약하고 신맛이 많은 와인이다. 부르고뉴 와인 잔은 보르도 와인 잔보다 잔이 입구가 오목하게 생겼다. 그래서 와인의 향이 많이 모이도록 만들었고 또 입에 와인을 따를 때에 혀의 앞부분에 떨어지도록 만들어졌다. 신맛을 보는 부분은 혀의 중간에서 앞부분에 있기 때문에 와인의 신맛부터 잘 맛볼 수 있도록 과학적으로 만들어졌다.

와인 잔을 사용할 때는 와인 잔의 선택에 신경을 많이 써야 한다. 고급 와인을 작은 소다 유리잔에 서빙하면 큰 결례이고 고객들의 핀잔을 받게 될 것이다. 업소에서는 대중적인 와인을 크리스탈 잔이 아니라 소다 유리잔을 사용하더라도 소다 유리잔 중에서 고급인 것을 사용할 것을 권하고 잔이 너무 작은 것은 사용하지 않도록 해야 한다.

그리고 고급 와인의 경우에는 꼭 크리스탈 와인 잔을 사용해야 한다. 예를 들면 보르도의 그랑 끄뤼 끌라세 와인인 경우에는 와인과 같은 격의 그랑 끄뤼 급의 잔을 사용하기 바란다(리델 그라스의 경우).

■ 와인 잔의 세척

와인 잔은 깨끗하게 씻어야 하는데 실내가 어두우면 조금 덜 깨끗해도 눈에 잘 띠지 않는다. 그러나 이런 장소에서는 촛불을 켜는 경우가 많은데 만약 이런 잔을 촛불에 갖다 대어 보면 와인 잔의 세척 상태가 금방 눈에 보이므로 실내조명의 밝기와 상관없이 깨끗하게 세척을 해야 한다.

• 와인 잔의 세척 순서

- 우선 싱크대가 깨끗한지를 확인한다.
- 와인 잔의 볼 bowl의 외부를 조심스럽게 잡는다.

- 와인 잔을 따뜻한 물에 헹군다. 너무 뜨거운 물에는 잔이 깨어지므로 조심해 야 하고 너무 찬물은 세척이 잘 안 될 수도 있다.
- 스펀지나 아크릴 수세미로 와인 잔의 안과 밖을 부드럽게 문지른다. 깊이가 있는 와인 잔의 안을 문지를 때에는 스펀지의 길이가 긴 것이나 자루가 달린 스펀지를 사용하는 것이 안전하다. 수세미를 잡고 잔을 천천히 돌리는 방법으로 문지른다. 사용 후에 오래된 잔의 경우 따뜻한 물만으로는 세척이 잘 안되므로 세제를 사용할 것을 권한다. 잔에서 입술이 닿는 부분과 손이 닿는 부분은 특히 세심하게 잘 문질러야 한다.
- 세제를 사용할 경우에는 향이 없는 세제 한두 방울로 아주 묽게 하여 스펀지에 적셔서 사용해야 한다.
- 잔의 내부와 외부를 따뜻한 물로 잘 헹구어서 살균이 되도록 하고 잔이 빨리 마르도록 한다. 특히 와인 잔은 헹굴 때 잘해야 세제나 다른 냄새를 없앨 수 있다.
- 부드러운 타월 위에 엎어 두어서 물기를 제거한다.
- 물기가 없어지면 바로 보푸라기가 없는 부드러운 면타월(리넨 등) 2장을 양 손에 들고 잔의 바닥, 스템, 다음 볼의 순서로 닦는다. 한손은 잔의 바닥을 잡고 다른 한 손은 타월을 잔의 안과 밖을 부드럽게 잡고 잔을 돌리면서 닦는다. 이때 타월이 너무 젖어 있으면 잔을 잘 돌릴 수 없거나 힘이 들므로 항상 마른 타월을 사용해야 한다.
- 불빛 쪽으로 잔을 들고 비쳐보아서 흔적이 없이 잘 닦였는지를 확인한다.
- 잔을 와인 잔 걸이에 걸어 준다.

• 잔을 세척할 때의 유의 사항

- 수도관이 노후화한 경우에는 물 속에 냄새가 있을 수 있으므로 잔을 아무리 잘 씻어도 나중에 물 냄새가 나서 손님들로부터 잔에서 냄새 난다는 항의를 받을 수 있으므로 이런 경우에는 수도꼭지를 한 동안 틀어서 고였던 물을 버리고 신선한 물을 사용하도록 해야 한다(노후화된 수도 배관의 교체가 최선이다).
- 깨끗하지 않은 행주나 수건으로 잔을 닦은 경우에도 곰팡이 냄새가 날 수 있으므로 세심한 주의를 기울여야 한다.
- 크리스탈 잔은 세척 시에도 잘 깨어지므로 조심하도록 해야 하고 신입 사원들은 잔이 깨어지고 또 다치는 일이 없도록 교육을 잘 시켜야 한다.

• 잔의 보관시 유의 사항

- 와인 잔 걸이가 대부분 싱크대 근처에 있는데 잔 걸이에 너무 오랫동안 거꾸로 걸려 있게 되면 습기가 올라가서 잔 속에 남아 있게 되므로 사용 전에 냄새를 확인하고 필요한 경우 다시 세척해야 한다.
- 와인 잔을 바로 세워서 보관하는 경우에는 잔의 볼 bowl 부분에 먼지가 들어갈 수 있으므로 사용 전에 세척해야 하고 만약 빈 잔을 종이로 덮어서 보관할 경우 종이 냄새가 잔속에 남아 있을 수 있으므로 잔을 사용 전에 세척해야 한다.

② 코르크 스크류

코르크 스크류는 와인 병의 코르크 마개를 뽑는 도구이며 과거에는 단순한 T자 모양이었으나 요즘은 힘이 덜 들고 쉽게 코르크 뽑도록 모양과 기능이 다양 한 여러 종류의 코르크 스크류들이 사용되고 있다.

코르크 스크류는 1600년대부터 사용되었으며 옛날 총의 총열에 남아 있는 총알을 뽑아내는 데 사용되는 도구의 모양과 비슷하게 만들어졌다. 1795년에 코르크 스크류가 특허 등록되었다고 알려지고 있다. 코르크 스크류에는 여러 종류가 있으나 그중에서 몇 가지만 소개한다.

■ T 스크류

철제 스크류가 나무나 철제 핸들에 수직으로 부착되어 T자 모양이다. 핸들을 돌려서 스크류가 코르크 속으로 들어가도록 하고 그 다음에는 수직으로 뽑아 올리도록 만들어져 있다.

대부분의 경우 와인병을 무릎 사이에 고정시키고 스크류를 뽑아야 하므로 외관상 썩 좋은 것은 아니다. 특히 스커트를 입은 여자 소믈리에의 경우에는 난감하다. 따라서 이 코르크 스크류는 사용하기에 힘이 들고 보기에도 썩 좋은 것은 아니므로 아주 숙달된 사람이나 무관한 자리가 아니면 가능하면 사용을 삼가는 것이 좋다.

■ Wing Corkscrew

1939년에 만들어졌고 코르크 뽑을 때에 힘이 덜 들도록 고안되었다. 그러나 이 스크류는 업소에서 소믈리에들이 사용하는 것은 삼가고 가정에서 사용하는 것은 무방할 것이다.

사용법은 캡슐을 제거한 후에 윙 스크류를 병구 위에 씌우고 왼손으로 잡고 오른손으로 윗부분을 돌려주면 코르크 속으로 스크류가 들어간다. 동시에 양쪽의 윙이 올라가게 되는데 스크류가 다 들어가면 양손으로 윙을 아래로 누르면 코르크가 올라 온다.

■ Sommelier knife

sommelier knife, waiter's friend, Wine key 등으로 부르며 corkscrew에 knife에 붙어 있다. knife는 캡슐을 제거하는데에 사용되고 코르크 스크류를 코르크 속에 돌려 넣은 뒤에 뽑을 때에는 지렛대 원리를 이용해서 쉽게 코르크를 뽑을 수 있다. 스크류가 코르크 가운에 오도록 하고 약간 눌러서 바늘 부분이 들어가면 누르면서 돌려준다. 가능하면 스크류가 깊이 들어가도록 해서 먼저 1단계 pull을 병구에 걸고 지렛대 원리를 이용해서 손잡이를 올려준다. 이때에 코르크가 수직으로 올라오도록 조심해서 손잡이를 올린다. 1단계 pull이 다 올라오면 다시 2단계 pull을 병구에 걸고 올릴 때에도 코르크가 꺾여서 부러지지 않고 수직으로 올라오도록 손잡이를 조심해서 들어 올린다. 코르크를 끝까지 다 올리지 않고 병구에 조금 걸려 있을 때에 스크류만을 돌려서 뽑아 올리고 난후에 코르크를 최종으로 뽑는 것은 꼭 손으로 한다.

이 스크류는 주머니에 쉽게 넣어 다니면서 사용할 수 있으므로 모든 소믈리에들은 이 소믈리에 나이프를 소지하고 있어야 한다. 소믈리에 나이프는 1단으로 된 것도 많이 있어서 사용법을 유의해야 한다.

스크류 나사(철사)의 굵기는 3mm 이하, 스크류가 5개가 있어야 5개의 길이가 60mm, 스크류의 외경은 10~15mm라야 하고 코르크를 뽑을 때에 스크류가 늘어나지 않는 강도의 재질이어야 한다.

■ Twin Prong Cork Puller

Butler's friend or 혹은 Ah-So라고 부르기도 한다. 이 스크류는 병의 네크와 코르크 사이에 2개의 prong을 지그재그로 찔러 넣고 다 들어가면

puller를 돌리면서 코르크를 뽑는다. 뽑아낸 코르크를 반대 순서로 병구에 코르크를 꽂을 수도 있다. 코르크가 작아서 쉽게 밀리는 경우에 사용하면 프롱을 밀어 넣을 때 코르크가 아래로 밀려 내려갈 수 있으므로 조심해야 한다.

■ Lever Screw

다른 코르크 스크류보다 비싸지만 훨씬 빨리 코르크를 뽑을 수 있다. 이것도 가정용으로 또는 행사용으로 사용되는 것으로 업소에서 소믈리에가 사용하는것은 삼가하기 바란다. 사용법은 먼저 레버를 반대쪽으로(아래쪽으로) 제껴 놓고, 스크류 입구를 정확히 병구에 놓도록 한다. 2개의 손잡이를 한손으로 잡고 다음 레버를 위쪽으로 제키면 코르크에 스크류가 들어간다. 레버를 다시 아래쪽으로 제키면 코르크가 스크류에 붙은 상태로 병구 밖으로 나온다. 이 레버를 다시 위쪽으로 제끼면 코르크가 스크류에서 분리되거나 손으로 코르크를 돌려서 뽑는 것 등이 있다.

■ Table Mounted Cork screw

19세기 말 개발된 것으로 과거에는 대부분 짧은 코르크의 맥주병의 오프너로 사용되었다. 요즘에는 긴 코르크를 사용하는 와인 코르크 뽑기에 사용되고 있다. 코르크를 뽑아야 할 병이 많은 경우에 사용되며 포도주 공장 혹은 행사 시 등 한꺼번에 많은 병의

코르크를 뽑을 때에 편리하게 사용할 수 있다.

■ Cork Extracting Claw

오래 보관된 와인 병의 경우 스크류가 너무 짧게 들어갔거나 그 외의 이유로 코르크를 뽑다가 중간에 코르크가 부러진 경우가 있는데 이런 때는 참 난감하다. 이런 경우에는 당황하지 말고 병 속에 남아 있는 코르크에 스크류를 힘을 주지 말고 조심스럽게 비스듬하게 꽂아 넣어서 스크류를 서서히 뽑아 올려주면 코르크가 나온다. 그래도 또 모두 나오지 않고 나머지 코르크가 와인 병 속으로 떨어지는 경우가 많이 있다.

이렇게 와인 속에 떨어진 코르크를 꺼내는 도구가 cork Extraction Claw 이다. 이 도구는 세 가닥의 철사로 되어 있으며 끝이 꼬부라져 있다. 철사 세 가닥을 와인병 속에 넣고 철사 끝의 꼬부라진 부분에 코르크 조각을 걸어서 꺼낸다. 만약 코르크 조각이 많이 떠 있는 경우에는 깨끗한 가재 등으로 여과해서 디켄터에 와인을 따라서 와인을 서빙한다.

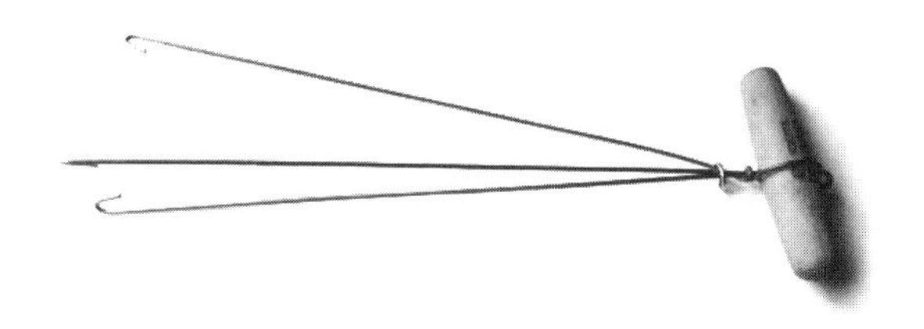

08

와인과 요리의 페어링 (Accords des Mets et des Vins)

예전부터 사람들은 경험적으로 요리를 먹을 때에 와인을 같이 마시면 식욕 증진과 소화에 도움이 되고 와인 맛도 좋아진다는 것을 알게 되었다.

그래서 오래 전부터 식사 시 식탁 위에 와인이 놓이게 되었고 이것이 관습적으로 되어서 하나의 문화가 되었다. 특정 지역에서의 요리는 자연스럽게 그 지역에서 생산되는 와인을 같이 마시게 되었다. 몇 가지의 와인이 생산되는 지역에서는 어떤 요리에는 어떤 와인이 잘 어울린다는 것이 여러 사람들에 의해서 공통적으로 인식되면서 지역별로 와인의 관습적인 추천 원칙이 생기게 되었다.

1. 와인과 요리 페어링의 역사

유럽 사람들은 식사 때에 빵과 육류, 야채 등을 주로 먹었는데 이것들은 대체로 물이 없으면 먹기가 어려운 음식들이라 물을 적당히 마셔야 하였으나 유럽의 강물에는 칼슘 성분이 많아서 마시기에 적당하지 못하므로 식사 시에 와인을 마시는 것이 관습이 되었다. 이런 식생활 문화에 따라서인지 로마 시대에 로마 황제가 특히 외국에 주둔한 로마 군인들에게 하루에 와인을 1리터씩 먹이라고 명령을 내렸다고 한다. 언제부터인가 와인과 요리의 페어링은 시작되었는지 정확히는 알 수 없으나 초기에는 페어링이라는 개념이 없이 활용되었을 것으로 추정되고 있다.

아주 옛날에는 생산되는 와인은 여러 가지 와인으로 구분해서 만들기가 어렵고 다양한 종류로 만들 필요가 없으므로 동네별로 생산되는 몇 가지의 와인이 요리와 매치했을 것으로 추측된다. 말하자면 신토불이 원칙이 적용되었을 것이다. 시대의 변천에 따라서 식생활의 변화가 생기게 되고 와인의 종류도 다양화하면서 와인과 요리의 매치는 다양하게 변할 수밖에 없었다.

그 후에 서서히 요리와 와인의 비슷한 성분들이 상호 보완하면서 매치하는 방법이 적용되는 룰이 생겨난 것으로 알려지고 있다.

와인과 요리의 매치에는 와인과 요리에 상호 작용하는 몇 가지 요소들이 있다는 것을 이해하는 것이 필요하다. 즉 음식을 먹으면서 와인을 마실 때 와인과 요리의 향과 맛의 각 요소들 즉 바디감(weight), 질감, 당도, 산도, 타닌, 알코올 성분 등의 특징들을 즐기고 또 이 요소들이 상호 조화를 이루어 와인과 요리를 더 잘 즐길 수 있게 된다는 것이다.
세월이 지나면서 교통수단의 발달에 따라 많은 사람들이 타 지역으로 여행이 빈번해짐에 따라서 문화의 교류가 활발하게 되었다.

이를 통하여 각국, 각 지역들의 음식 문화의 교류가 다양하게 이루어져서 그 동네만의 요리가 아니라 타 지역의 여러 가지 요리를 즐기게 되면서 그 지역의 요리에는 그 지역의 와인을 매치한다는 고전적인 와인과 요리의 조화 원칙은 변할 수밖에 없게 되었다.

따라서 와인 페어링 기법들이 나타나게 되었다. 현대에는 여행뿐만 아니라 출판물과 미디어 등에서 새로운 기법들이 많이 소개되고 있으며 특히 레스토랑에서는 의례 요리를 먹을 때에 와인과 같이 마시게 되는 문화가 보편화 되었다.

요리와 와인의 매치를 불어로는 마리아쥐mariage, 아모니Harmonie, 알리앙스Alliance, 아코Accord 등으로 표현하고 있고 영어권에서는 매칭matching 혹은 페어링pairing 등으로 표현하고 있다.

2. 페어링의 원칙

요리와 와인을 매치하는 방법에는 2가지의 대원칙이 있으며 이것은 보완적 방법(전통적인 방법)과 대조적 방법이다.

1) 보완적 방법

① 전통적인 방법 1

"그 지방의 요리는 그 지방의 와인과 잘 어울린다."

옛날에는 교통이 불편하고 교류가 적은 시절이라 동네에서 식사를 하면서 당연히 그 동네에서 생산되는 와인을 마시고 다른 동네, 다른 나라의 와인은 마시기 어려웠을 것이므로 오랜 기간 동안 이것은 하나의 원칙으로로 이어져 왔고 지금도 사용되고 있는 페어링의 가장 중요한 원칙이다.

이 방법은 한마디로 말하면 혹시 외국에 여행하는 동안 식사를 하게 되면 가능하면 그 지방에서 좋은 요리를 시켜서 식사하고 그 동네에서 생산된 와인으로 마시는 것이 좋다는 이야기이다.

② 전통적인 방법 2

육류에는 레드, 야채 생선에는 화이트 와인과 매칭한다는 원칙이다. 세월이 지나면서 지역에서 만들어진 요리도 점점 다양하게 되고 지역에서 생산된 와인도 종류가 점점 많아지게 되었다.

다양한 요리와 다양한 와인이 생산되니 맛을 즐기는 미식가들을 중심으로 특정 요리에 적합한 와인은 어떤 와인이다 하고 서서히 구분되었다. 이렇게 정해진 것이 바로 우리가 익히 알고 있는 "야채와 생선 요리에는 화이트 와인, 육류 요리에는 레드 와인이 좋은 매치이다." 하는 원칙이다.

이 원칙은 그 지역 음식에는 그 지역 와인이라는 원칙과 함께 요리와 와인의 페어링 중에서 오래되고 중요한 원칙이다.

야채는 주성분이 탄수화물이며 그 외에 무기질, 단백질, 비타민 등이 들어 있다. 야채는 이런 성분으로 인하여 맛이 담백하므로 매치가 되는 와인은 화이트 와인이다. 레드 와인은 쓴맛이 있어서 야채와 잘 어울리지 않는다. 다만 쓴맛이 많고 오일 드래싱의 야채 요리인 경우에는 쓴맛이 적은 레드 와인과도 매치가 가능하다.

생선은 수분(70~75%), 단백질(16.6~25%), 지질(0.4~14%), 무기질, 비타민 등이 들어 있다. 생선의 단백질 중에는 육기질 단백질이 가축보다 적게 들어 있어서 육류들보다 조직이 연하다. 또 생선에는 육류보다 불포화 지방산 함량(85%)이 많아서 맛에 있어 육류보다는 덜 텁텁하고 담백한 느낌이 있다. 따라서 생선 요리는 단백질과 지방이 있지만 레드 와인보다는 화이트 와인을 매치하는 것이 더 좋은 마리아쥐가 된다.

육류는 수분(72~75%), 단백질(16.4~24.9%), 지질(1.7~8.3%) 그 외에 당질, 회분, 무기질, 비타민 등이다. 육류 요리는 단백질과 지방 등으로 레드 와인이 잘 어울리게 된다.

이와 같이 요리는 식재료로만 구분하면 야채, 생선, 육류 요리로 구분되나 야채는 한 가지만 있는 것이 아니라 식감이 다른 많은 야채가 있고, 생선도 바다, 강, 호수 등에 많은 종류의 맛이 다른 생선이 있다. 육류에도 수많은 동물들과 또 각 동물별로 부위에 따라서 맛이 다르다.

또 주가 되는 식재료뿐만 아니라 소스에 따라서 맛이 달라지므로 야채 요리, 생선 요리, 육류 요리의 3가지로만 간단히 구분할 수 없다.

와인에도 화이트, 로제, 레드 와인이 있고, 각각의 와인을 품종별, 국가별, 지역별, 회사별, 연도별로 구분하고 또 무거운 와인, 중간 와인, 가벼운 와인 등으로 구분되기 때문에 간단하게 화이트 와인, 로제 와인, 레드 와인의 3가지만으로 구분하기가 어렵다.

- 비슷한 특징의 요리와 와인의 매치(Accords Cousinage)의 예
  - 미네랄 성분이 많은 화이트 와인과 요오드iode 성분이 많은 조개 요리
  - 그라gras한 화이트 와인과 소스를 많이 사용한 물고기 요리
  - 타닌이 많은 레드 와인과 그라하고 단백질이 많은 Viande 요리
  - épicé(향)와 바디가 강한 레드 와인과 Gibier 요리
  - 단맛이 많은 vin Liquoreux와 단맛이 많은 dessert

③ 전통적인 방법 3

"요리의 컬러와 와인의 컬러를 맞춘다."

야채는 워낙 종류가 많고 컬러가 다양하므로 야채 요리에 관한 것이 아니고 이 매치 방법은 요리 중에서 육류 요리에 관한 이야기이다.

육류는 넓은 의미에서 가축, 가금, 조류, 어패류, 내장 등 식용 동물의 먹을 수 있는 부분을 육류라고 할 수 있으나 좁은 의미에서는 가축 및 가금류만을 말한다.

요리의 컬러를 말하는 것은 주로 가축, 가금류의 살코기로 만드는 요리

를 말한다. 요리에 많이 사용되는 소고기, 돼지고기, 닭고기를 예를 들어 알아보면 소고기는 컬러가 적갈색이고 조직이 단단하고 섬유가 섬세하고 조직 사이에 흰색 지방층이 있어서 맛이 좋다. 송아지의 살은 연하나 큰 소의 살은 좀 질기다. 레드 와인을 매치하고 소스나 조리 방법에 따라서 레드 와인 중에서 가볍거나 무거운 레드 와인을 매치한다.

돼지고기는 담홍색으로 소고기보다 적색이 옅다. 단백질과 지방이 많고 조직이 가늘고 연해서 부드럽고 소화가 잘 된다. 그래서 와인도 가벼운 레드 와인이나 화이트 와인 중에서 좀 무거운 것이 잘 매치된다.

닭고기는 대체로 근육에 혈액량이 적어서 컬러는 백색을 띤다. 특히 가슴 부분의 근육은 다리 부분보다 혈액량이 적어서 백색을 띠고 매우 연하다. 닭 등의 가금류들의 고기 사이에 지방이 섞여 있지 않아서 맛이 담백하다. 그래서 닭고기는 육류이지만 레드가 아니라 가벼운 화이트 와인이 추천된다.

닭고기 요리도 소스와 조리 방법에 따라서 무거운 화이트 와인을 매치할 수 있다. 요리의 컬러로 와인을 매치하는 것은 나름대로 맛까지도 감안한 추천이라고 말할 수 있다.

2) 대조법 방법

오랫동안 서로의 맛을 보완해주는 일반적인 방법으로 매치해 왔으나 와인과 음식의 종류가 다양해지고 산업화와 식문화의 발달로 새로운 페어링 기법이 생겼는데 이것이 바로 대조되는 특성으로 페어링하는 것이다.

대조법은 요리와 와인의 향, 맛, 질감 등이 서로를 자극하여 새로운 향미를 만들고 입 안을 깨끗하게 해서 새로운 식감을 가지도록 하는 매치이다. 반대되는 특징의 요리와 와인을 매치하는 방법은 시대의 변천에 따른 요리의 변화와 와인의 다양성에 따라서 서로 다른 특징의 요리와 와인을 매치하는 방법으로 최근에 추천되고 있다. 요리 재료와 크림과 소스 등의 역할에 따라서 짠맛과 단맛, 신맛과 그라gras한 맛, 쓴맛과 단맛 등이 서로 보완될 수 있다.

크림을 사용한 암 병아리 요리에는 두 가지 와인이 선택될 수 있다.

- 플레인하고 그라한 에르미타쥬 블랑Hermitage blanc은 Volume을 강화시키고 무겁고 풍부한 맛을 더해준다.
- 신맛이 많은 화이트 와인인 사브니에흐Savenniere는 크림의 느끼함을 줄여준다. 특히 느끼한 맛이 있는 요리의 경우에는 대조법이 많이 활용되고 있다.

3. 페어링의 예

구체적으로 요리와 와인의 매치의 활용에 관해서 알아보겠다. 와인과 요리를 페어링한다는 것은 결국 와인과 요리에 있는 각 맛의 특성들 간에 조화가 이루어지도록 하는 것이다.

와인 맛의 요소에는 바디감, 단맛, 신맛, 쓴맛과 향 등이 있고 요리 맛의 요소에는 바디감, 단맛, 신맛, 쓴맛, 짠맛, 매운맛, 지방과 향 등이 있다. 요리의 맛을 중심으로 매치가 되는 와인을 알아보도록 하겠다.

1) 요리의 기본 맛에 따라

① 바디감Weight 혹은 질감이 있는 요리

요리에서의 재료가 rich, oily, fatty한 요리는 바디감 또는 질감이 많다고 하고 소스, 양념, 향신료 또 조리 방법 등에 따라서도 질감이 달라진다. 와인에서 바디감은 주로 알코올, 단맛, 쓴맛 등에 좌우된다.

바디감은 와인과 요리의 매치에서 가장 기본적인 것으로 강한 바디감의 요리에는 바디감이 많은 와인을 선택하고 약한 바디감의 요리에는 가벼운 와인을 선택하는 것이 적절한 페어링이다.

② 신맛이 있는 요리

신맛도 요리와 와인의 페어링에서 중요한 역할을 한다. 신맛이 있는 요리에는 비슷하게 신맛이 있는 와인을 매치하는데 요리의 신맛보다는 와인의 신맛이 조금 많은 것이 잘 페어링된다.

③ 단맛이 있는 요리

요리가 단맛이 있는 경우에는 와인도 단맛이 많은 것이 잘 어울리는데 요리 보다는 와인의 단맛이 조금 많은 것이 잘 조화된다.

④ 쓴맛이 있는 요리

쓴맛이 있는 요리에는 요리보다 쓴맛이 조금 많은 와인이 잘 어울린다.

⑤ 지방이 많은 요리

지방이 많아서 느끼하고 바디감이 많은 요리에는 보완법으로 페어링하면 단맛이 있는 화이트 와인이 어울리고 대조법으로 페어링하면 신맛이 있는 와인이 느끼한 맛을 잡아줘서 입안을 깨끗이 해주기 때문에 잘 활용되고 있다.

⑥ 짠맛이 있는 요리

짠맛이 있는 요리는 신맛 혹은 단맛이 있는 와인과 잘 어울린다.

⑦ 매운맛이 있는 요리

매운 맛이 있는 요리에는 단맛이 있는 와인이 어울린다.

⑧ 소스, 양념과 향신료를 많이 친 요리

소스와 양념을 친 요리의 경우에는 소스와 양념의 특징과 비슷한 와인으로 매치하도록 한다. 향신료를 첨가한 요리의 경우에는 향신료의 향과 와인의 향이 비슷하게 매치하도록 한다.

예를 들면 블랙커런트Cassis가 들어 있는 요리는 비슷한 향이 있는 까베르네 쇼비뇽과 매치가 가능하고 요오드 향을 가지는 요리에는 쇼비뇽 블랑 혹은 리스링과 좋은 매치가 된다.

요리의 맛에는 앞에서와 같이 8개의 맛의 요소들이 있으나 와인에는 단맛, 신맛, 쓴맛, 바디감과 향 등 5가지가 있다. 따라서 특정 요리의 맛의 요소들을 알아보고 이것에 어울리는 레드 와인 혹은 화이트 와인을 매치하면 된다. 양식과 마찬가지로 한식도 같은 방법으로 와인을 매치할 수 있다. 예를 들면 바디감이 있고 지방이 많아서 느끼하면서 쓴맛이 있는 요리의 경우에는 레드 와인도 어울리고 대조법으로 달콤하면서 신맛이 있는 화이트 와인도 매치될 수 있다. 특히 매운 맛의 요리에는 단맛이 있는 와인이 잘 어울린다.

2) 조리 방법에 따라

① 고급 요리에는 고급 와인, 간단한 요리에는 가벼운 와인

샌드위치에 고급 와인이 어울리지 않고 비싼 갈비구이에는 프랑스, 이탈리아 등의 강한 와인이나 나파 밸리 까베르네 쇼비뇽 등의 고급 와인이 잘 어울린다.

② 향이 강한 요리에는 향이 강한 와인, 섬세한 요리에는 섬세한 와인

커리와 같이 짙고, 대담하고, 쏘는 맛, 스파이시한 맛, 매운 맛의 요리에는 쉬라즈와 같이 특징이 강한 향이 있는 와인이 잘 어울린다.

③ 같은 맛과 대조적인 맛의 매치

크림 소스한 랍스타에는 서로 같은 맛의 조화로서 둘 다 맛이 풍부하고 크리미한 샤르도네도 어울리고 크리스프crisp하고* 톡 쏘는 샴페인과도 서로 대조적으로 매치가 된다.

④ 융통성이 있는 와인을 선택

샤르도네는 세계 각지에서 인기가 많은 와인이다. 그러나 모든 음식과 잘 융화하는 것은 아니다. 특히 오크 숙성한 샤르도네는 구운향과 높은 알코올로 음식과 잘 매치가 안 된다. 화이트 와인 중에서 융통성이 많은 와인은 쇼비뇽 블랑과 리스링 등이다. 이 와인들의 신맛이 입 안을 씻어주어서 다시 음식 맛을 보도록 해준다. 레드 와인 중에서 융통성이 많은 와인은 신맛이 상당히 있는 부르고뉴, 오래곤 등의 삐노 누아는 신맛은 상당히 있고 타닌은 적다. 또 진판델, 이탈리아의 심플한 와인, 남부 론느 와인 등은 그릴한 치킨, 파스타 등과 잘 어울린다.

⑤ 과일이 많이 든 요리에는 과일 향이 많은 와인

과일 요리나 과일이 든 요리인 사과를 튀긴 포크, 살구나 무화과를 넣은 치킨구이 등은 후루티fruity한 와인인 gewürzraminer, muscat, viognier, riesling 등과 잘 어울린다.

---

* 크리스프(crisp)한 와인의 느낌은 풋사과를 먹는 느낌과 많이 비슷하며, 뒷맛이 아주 깨끗하다.

⑥ 짠맛과 단맛이 있는 요리와 단맛이 있는 와인

짠맛과 단맛은 대조적이다. 간장을 사용한 아시아 음식에는 약간 단맛이 있는 리스링이 잘 어울린다. 이 이론은 유럽의 관습인 짠맛이 있는 스틸턴 Stilton 치즈와 단맛이 있는 와인을 매치하는 것을 뒷받침하는 원리이다.

⑦ 지방이 많은 요리에는 힘이 많은 와인

동물성 지방이 많고 버터, 크림 등이 든 요리는 비슷하게 풍부하고 짙고 질감이 많고 알코올 도수가 높고 타닌이 많은 와인과 잘 어울린다. 예를 들면 까베르네 쇼비뇽, 메르로 등의 바디감이 강한 와인들이 많은 육류 요리와 잘 어울린다. 육류의 풍부한과 지방이 와인의 타닌을 부드럽게 하는 효과가 있다. 강한 캘리포니아 까베르네 쇼비뇽은 그릴한 스테이크와 잘 어울리고 보르도 레드 와인도 구운 양고기와 어울린다.

⑧ 감칠맛이 있는 요리와 바란스가 좋은 와인

단맛, 신맛, 쓴맛, 짠맛 등 맛의 4원미와 다양한 향이 잘 조화된 맛을 감칠맛이라고 한다. 감칠맛은 아시아 음식에서 많이 볼 수 있는 것으로 5원미라고 한다. 요리사들은 감칠맛이 있는 식재료들을 점점 더 많이 사용하고 있다. 파르미야노 레지아노 치즈, 간장, 야생 버섯, 대부분의 육류들은 이런 맛이 있다. 그릴한 버섯 토핑의 스테이크와 바란스가 좋은 까베르네 쇼비뇽은 잘 어울리는 매치이다.

⑨ 단맛이 많은 요리와 단맛이 많은 와인

식사 후 디저트인 과일과 파이 등은 단맛이 많은 와인과 잘 어울린다.

3) 요리의 재료에 따라

주제에 접근하기 전에 마리아쥐 끌라시끄에 있는 것을 감안하는 것이 무난한 것도 있고 어떤 경우에 어떤 요리와 매치한다는 것이 항상 정해진 것이 아닌 것도 있다.

① 무난한 매치

마리아쥐 끄라시끄가 무난한 것은 예를 들면 굴huîtres과 무스카데Muscadet, 양배추choucroute와 리스링Riesling, 리옹 소시지saucisson de Lyon와 보졸레Beaujolais, 새끼 양고기agneau와 뽀이약Pauillac, 퐁듀fondue와 뱅 드 사부아Vin de Savoie 등이 있다.

② 까다로운 매치

다음의 재료들로 요리한 것은 매치하기에 항상 분명하지는 않은 것들로 생야채crudités, 아스파라가스les asperges, 캬비아caviar, 메론melon, 푸아그라foie gras, 뽀토페pot-au-feu, 캬나르다로랑쥐canard á l'orange, 치즈 몇 종류, 아시아 요리, 지중해 요리(그리스, 레바논), 오드 비나 리큐르가 베이스인 디저트 등이 있다. 이에 맞는 와인을 추천해 보면 다음과 같다.

- 생야채

  분명히 그랑 뱅과는 아니다. 그러나 식탁에서 필요한 경우 하우스 와인으로 갈증을 해소하기 위해서 화이트 와인을 추천할 수 있을 것이다.

- 아스파라가스

  Muscat d'Alsace sec 하나가 잘 조화될 수 있다.

- 멜론melon

  일반적으로 포트 와인을 추천한다. 그러나 다른 가능성으로 뱅두나투렐-리브살떼, 라스토 혹은 모리 jeunes, Floc de Gascogne, Pineau des Charentais. 만일 포트 와인을 좋아 한다면 너무 그랑 포트는 피하는 것이 좋다.

- 캐비어Caviar

샴페인이 좋은 선택이다.

- 푸아그라Foie gras

그랑 뱅이 좋다. 푸아그라의 원산지를 고려하는 것이 가능하다. 쇼떼른, 바르작 혹은 주랑송은 남서부 지역의 푸아그라, 게뷰르츠 트라미너 혹은 삐노 그리 방당쥐 따르디브는 알자스에서 온 푸아그라, 레드 와인을 선호하는 아마추어들에게는 타닌이 많은 와인을 추천하는데 이는 후아그라가 와인의 타닌을 줄여주기 때문이다.

- 고기 스프Pot-au-Feu

타닌이 많지 않은 vin rouge jeune - Cotes de Saint-Mont jeune(SW), Cotes du Marandais, Chinon(Touraine), Saumur Champigny(Anjou)

- 캬나르다로랑쥐

샴페인, Chateau Chalon, Beaune, Pomerol, Saumur Champigny 등

- 치즈Fromage

좋지 않은 와인도 허용이 된다. 그러나 반대로 좋지 않은 치즈는 와인의 품질을 해친다. 대부분의 치즈는 고가의 그랑 뱅에는 어울리지 않는다.

- 아시아 요리

실제로 아시아 요리에는 한 가지만 있는 것이 아니라 수 없이 많다. 일본 요리는 중국 요리와는 다르게 덜 익힌다. 또 중국 요리는 원산에 따라 서 다르다. 매우 유명한 광동식 볶음밥(Cantonaise)는 해산물을 많이 이용하고 북경요리는 육지에서 나오는 식재료를 많이 사용한다. 태국요리는 스파이시하다. 이것들이 혼합되기도 해서 선택하기가 어렵다. 이들

요리는 매운맛도 있으므로 단맛이 있는 와인을 선택한다.

- 지중해 지방 요리

프로방스, 랑그독, 루시용 와인이 아주 잘 어울린다.

- 오드비나 리큐르를 사용한 디저트

더운 혹은 찬 스플레, crepes flamées 등은 조리에 사용한 리큐르 혹은 오드비를 작은 잔에 추천하기 바란다. 예를 들면 kirsch avec un soufflé au kirsch 혹은 리큐르는 soufflé glacé á la framboise가 좋은 선택이다.

- 와인을 사용한 요리

조리할 때에 와인을 사용한 경우 그 와인과 같은 와인을 추천한다. 예를 들면 리스링을 사용한 송어(truit)요리에는 리스링을 추천하고, 뱅 존 느를 사용한 삿갓 버섯(Coq au vin et aux morilles) 요리에는 vin jaune가 어울리고, 보르도 와인을 사용한 칠성장어(lamproi)는 일반적으로 숙성된 생테미리용 와인이 어울린다.

- 지역적인 조화

같은 지역의 와인과 요리는 여러 가지의 유사성이 존재한다.

brochet(곤돌메기)au beurre blanc와 Muscadet/ rillons et rillettes de Touraine과 Vouvray/confit d'oie ou canard와 Madiran/cassoulet와 Cahors, Madiran/ brandade de morue á la nimoise와 Picpoul de Pinet/ bouillabaisse와 vin de Provence/ Saucisson chaud와 Beaujolais/ Fromage Comté와 vin du Jura 등으로 매칭한다.

- 모든 식사와 샴페인

샴페인 블랑 드 블랑 NV와 아페리티프

샴페인 브뤼 빈티지와 앙뜨레와 생선 요리

샴페인 로제와 육류 요리 특히 가금류, 새끼 양고기 구이,

샴페인 섹 혹은 드미 섹과 디저트

4) 와인을 기준으로 매칭

- 샴페인은 좀 짠 요리와도 잘 어울린다.
- 샤르도네는 지방이 좀 있는 요리와 소스가 진한 요리에도 잘 어울린다.
- 리스링은 단맛이 있고 향이 강한 요리와 잘 어울린다.
- 쇼비뇽 블랑은 신맛이 있는 요리와 어울린다.
- 모스카토 다스티는 과일 디저트와 잘 어울린다.
- 피노 그리지오는 생선 요리와 잘 어울린다.
- 삐노 누아는 흙냄새가 좀 있는 요리와도 잘 어울린다.
- 말백은 단맛이 있는 바베큐에도 잘 어울린다.
- 까베르네 쇼비뇽은 육즙이 있는 붉은색 육류와 잘 어울린다,
- 시라는 향이 강한 요리에 잘 어울린다.

5) 와인의 특징 구분

전통적인 페어링 법에는 가벼운 요리에는 가벼운 와인을 매치하고 무거운 요리에는 바디감이 많은 와인을 매치한다. 요리에 잘 어울리는 와인을 잘 선택하려면 요리의 특성에 따라서 와인의 특징도 다른 것으로 매칭하는데 그러려면 가벼운 와인과 무거운 와인에 대한 이해가 필요하다.

와인에는 종류가 너무 많기 때문에 이들 와인 중에서 어떤 와인이 향과 맛이 강한지를 미리 알고 있어야 한다.

① 화이트 와인

• 상당히 가벼운

Soave, Orvieto, Pinot Blanc, Muscadet, Prosecco

• 약간 가벼운

Gewürztraminer, Riesling, Pinot-Gris, Chenin Blanc, Vouvray

• 적당한 바디감

Bordeaux, Sancerre, Sauvignon Blanc, Semillon, Verdejo,

• 약간 무거운

Cava, Sparkling Wine, Gavi, Macon, Chablis, Chardonnay

• 무거운

Bourgogne white, oak aged Chardonnay, Viognier, Marsanne,

② 레드 와인

• 상당히 가벼운

Beaujolais, Gamay, Delicatto, Valpolicella(아마론네 제외)

• 약간 가벼운

Cotes de Franc, Médoc, Cote de Blaye, Bordeaux Superieur, Cote de Bourg, Grave, Bourgogne, Beaujolais Villages, Côtes du Rhone, Pinot-Noir(캘리포니아, 뉴질랜드, 오리곤), Rioja Red, Grenache, Barbera, Chianti, Barbera

• 약간 무거운: Bordeaux - Pomerol, Margaux, St. Estephe, Moulis, Pessac Leognan, St. Emilion, Pauillac, St. Julien, Fronsac, Cote de Castillon

Bourgogne - Fixin, Nuit St. Geogorges, Pommard, Alexe Corton,

Vosne Romanée, Vougeo

Languedoc, Roussillon - Fitou, Coilloure

Rhone - St. Joseph, Corras, Cote Roti, Chteauneuf du Pape

Sud Ouest - Cahors, Madiran, Pécharmant, Buzet, Bergerac 등

Brunello di Montalcino, Malbec, Merlot, Pinotage, Zinfandel

• 무거운: Bordeaux - Pomerol, Margaux, St. Estephe, Moulis, St julien, Pessac Léonan, Pauillac, St Emilion의 그랑 끄뤼 끌라세 와인

Bourgogne - Pommard, Aloxe-Corton, Chambertin, Romanée-Conti, Gevrey Chambertin, Vosne Romanée, Nuits St. Georges 등 지역의 Premier Crus 혹은 Grand Crus 와인

Languedoc, Roussillon - Faugéres, Collioure, Minervois

Loire - Bourgueil, St. Nicolas de Bourgeil, Chinon의 숙성된 와인

Rhone - Gigondas, Hermitage, Chateaoneuf-du-Pape, Cote Rotie

Sud Ouest - Bergerac, Cahors, Madiran 등의 숙성된 와인

Barolo, Barbaresco, Cabernet Sauvignon(New World), Petit Syrah, Syrah, Ribera del Duero,

③ 스위트 와인

• 가벼운: Gewürztramier late harvest, Moscato d'Asti, Muscat late harvest,

Riesling lateharvest, Sauterne & Barsac Noble rot, Vouyray Moelleux, Vin Santo

• 무거운: Banyuls, Madeira, Port, Sweet Sherry, Tokaji, Ice Wine, Trockenbeerenauslese

6) 기타 고려 사항

- 고객의 와인 지식에 상응하게 와인을 추천
- 고객의 취향을 파악하여 그에 맞게 추천
- 고객의 수준에 따라서 걸맞게 와인을 추천
- 고객의 수를 감안해서 추천
- 계절을 감안한 와인을 추천
- 음식 가격에 상응하게 와인을 추천
- 가벼운 요리에는 가벼운 와인, 무거운 요리에는 무거운 와인
- 요리에 와인이 사용된 경우 같은 계통의 더 고급 와인

또한 와인을 한 병만 마시는 것이 아니고 여러 병을 마실 경우에는 가벼운 맛의 와인에서 중후한 맛의 와인순으로 마셔야만 앞서 마신 와인이 그 다음에 마시는 와인 맛에 영향을 덜 끼치게 된다. 따라서 이럴 경우에는 화이트 와인에서 레드 와인으로 단맛이 없는 와인에서 단맛이 있는 와인으로, 대중 와인에서 고급 와인으로, 어린 와인에서 숙성된 와인의 순으로 마시도록 한다.

• L'acord Horizontal와 L'accord Vertical 추천:

호리즌탈Horizontal은 메뉴 하나에 와인 한 가지를 추천하는 것을 말하며 향이 많은 요리에는 향이 많은 와인, 신맛이 있는 요리에는 신맛이 많은 와인, 부드러운 요리에는 부드러운 와인, 맛이 무거운 요리에는 바디감이 있는 와인을 추천한다.

버티칼Vertical은 하나의 메뉴에 있는 여러 개의 dishes에 적합한 와인들을 추천하는 것으로 와인은 화이트에서 레드로 가벼운 것에서 무거운 것으로 어린 것에서 오래된 와인의 순으로 추천한다.

4. 와인과 요리의 페어링의 실례

1) 아페리티프

이 매치는 점점 더 소비자들이 선호하고 있다. 일반적으로 아페리티프와 같이 추천되는 와인은 샴페인 브뤼, 클레망, 대부분의 발포성 와인은 탁월한 아페리티프 와인들이다.

- 프랑스 와인: Crémant, Saint-Péray Muscat d'Alsace, VDN, Champagne Blanc de Blanc, Cuvée Prestige
- 다른 나라 와인: Sherry Fino, Montilla, Cava, Spumante

2) 오르되브르 / 전채요리 (Hors d'Oeuvre, Entrées, Salades)

일반적으로 오되브르와 앙뜨레에 매치하는 와인은 다음과 같다.

- 프랑스 와인: Pinot-Blanc d'Asace, Roussette de Savoie, Bergerac sec, Bourgogne Aligoté, Chablis, Savenieres, Pouilly-Fumé
- 다른 나라 와인: California Colombard, Vino Verde blanc(Portugal), Müller- Thurgau(Germany) 등이 사용되고 있다.

• 구체적인 요리에는 다음과 같이 추천한다.

요리명	조리법	적당한 와인	매치의 근거
소몽	훈제	뿌이 휘메 알자스 리스링 그라브 화이트	쇼비뇽의 신맛이 연어의 지방을 줄여주고 향이 연어의 요드향과 어울린다.
캐비어	nature	샴페인 드라이 샤또 그리에 보드카	샤르도네가 캬비아의 지방을 씻어 내고 조화되며 뫼르소와 상파뉴의 약한 단맛은 캐비아의 염미와 조화된다.

■ 굴(Huitres)

화이트 와인 중에서 어린 것, 신선한 것, 드라이한 것을 선택하며 와인의 종류에 따라 각각 다른 굴을 선택한다. 그러나 너무 향이 강한 와인은 굴의 향을 약하게 하므로 피한다. 마찬가지로 나무 향이 너무 강한 와인도 피한다. 일반적으로 요드와 타닌은 대조적이다.

• 프랑스 와인: Gros Plant(nantais), Entre-deux-Mers, Riesling, Chablis 1er cru young, Pessac-Léognan blanc jeune, Sancere blanc
• 다른 나라 와인: 뉴질랜드 소비뇽 블랑, 남아공 세닝 블랑, 루마니아 페르라
• 구체적 요리에는 다음과 같이 추천한다.

요리명	조리법	적당한 와인	매치의 근거
굴	nature	뮈스까데 샤브리, 상세르 뿔리니 몽라세	소스 등의 산미와 짠맛이 와인의 신맛과 미네랄과 부합
에스까르고	부르고뉴 양념	보졸레 샤브리, 루이	와인과 버터 등의 맛이 잘 어울린다.

■ **돼지고기 요리**(Charcuterie)

일반적으로 가벼운 레드 와인과 같이 페어링한다.

• 프랑스 와인: rosé de Béarn, Gamay de Touraine, d'Anjou, Savoie, Beaujolais, Bordeaux Clairet, Tavel, Bandol rosé

• 다른 나라 와인: Bardolino rosé, Dole, Gorno(스위스), Kadarka(헝가리)

• 구체적 요리에는 다음과 같이 추천한다.

요리명	조리법	적당한 와인	매치의 근거
사뀌떼리	fresh	보졸레 반돌 꼬또 뒤 리요네	Charcuteries의 후추와 짠맛과 gras 한 맛은 신맛과 어울리고 과일향이 강하고 쓴맛이 약한 레드와 어울린다.
리에뜨	기름에 볶은	따벨, 보졸레 까베르네 프랑	상당히 gras한 요리는 신맛이 많은 와인과 어울린다.

■ **푸아그라**(Foie Gras)

푸아그라는 오리와 거위에 따라서 매치가 달라진다. 오리보다 거위는 일반적으로 더 기름기가 많다. 또 자연 상태로 서빙하느냐 혹은 데워서 서빙하느냐에 따라서 다르다. 뜨겁게 서빙하는 경우 숙성된 그랑 뱅 루지가 훌륭한 조화가 된다. 또 뮈지니Musigny. 마고Margaux, 오래된 카오르Cahors 등도 잘 어울릴것이다. 뜨겁게 조리한 경우 알자스의 그랑뱅이 좋은 조화를 이룬다. 자연 상태의 푸아그라는 사과, 건포도, 대황과 같이 준비하는것도 고려할 만하다.

• 프랑스 와인: Cotes de Bordeaux, Saint-Macaire, Cadillac, Cote de Montravel, Vouvray moelleux, Grand Sauternes, Montrachet, Pinot-

Gris vendange tartives(Alsace), Chaume, Bonnezeaux(Anjou), Chateau Grillet

- 다른 나라 와인: Cotnari(루마니아), Semillon botrytise(호주). Tokay (헝가리), 샤또 라이온(일본)
- 구체적인 요리에는 다음과 같이 추천한다.

요리명	조리법	적당한 와인	매치의 근거
푸아그라 (거위)	Terrine에서 조리한	무스까뜨 달사스, 게뷰르츠트라미나, 주랑송, 바르삭 쇼떼른, 샴페인 드라이 아이스 와인, 귀부 와인	푸아그라는 지방질이 많고 와인은 단맛이 있어서 여운이 오래가는 최상급의 화이트 혹은 레드 와인
푸아그라 (오리)	굽거나 튀긴 따뜻한	물리,소시냑 리브살뜨 게뷰르츠트라미나 (알자스)	요리의 gras하고 약간 쓰고 부드러운 맛은 레드의 탄닌과 어울리고 화이트 와인의 신맛과 알콜도 gras한 맛을 줄여준다.
아스파라가스	홀랜드 소스 버터 퐁듀	리스링 무스까/알자스 세롱, 가이약 두스	요리의 단맛, 쓴맛, 요드 맛이 와인의 단맛과 신맛, 쓴맛, épicé와 잘 어울린다.
빠떼	파이에 싸서 구운	보졸레, 따벨, 끼안티	화이트는 신맛이 좀 있고 레드는 쓴맛이 약한 와인이 잘 어울린다.
계란	송로버섯과 섞은	뫼르소, 본 레드	계란의 단백질 때문에 신맛이 있는 와인이 잘 어울린다.

3) 조개와 갑각류 요리

■ **새우**(Crevettes), **게**(Crabes), **작은 바다가재**(Langoustines)

화이트 와인 중에서 드라이, 신선하고 가벼운 것이 좋다.

- 프랑스 와인: Sauvignon Touraine, Bourgogne Aligoté, Sylvaner,

Haut-Poitou Chardonnay, Coteaux champenoi blanc, Bandol blanc, Champagne brut

- 다른 나라 와인: Fendant(Swiss), Cap blanc(모로코), Grasevina(크로아티아), Coteaux de Carthage(튀니지)

■ **바닷가재**(Homard), **바닷가재 일종**(Langgouste)

- 프랑스 와인: Muscat sur lie, 1er Cotede Bordeaux blanc, Gaillac blanc, petit Chablis, Puligny-Montrachet 1er cru jeune, Chablis grand cru
- 다른 나라 와인: 스페인 Rueda, 헝가리 Olasz Riesling, 루마니아 Chardonnay, 이탈리아 Recioto di Soave
- 구체적인 요리에는 다음과 같이 추천한다.

요리명	조리법	적당한 와인	매치의 근거
위뜨흐 (굴)	그리땅	프로방스 블랑 독일 리스링 샤브리 그랑 끄뤼	요리 재료의 gras과 와인의 신맛, 쓴맛이 어울린다. 굴의 요드향과 와인의 향도 잘 어울린다
셍 자끄 (조개)	버터와 카레로	에르미따쥐, 꽁드류, 부부레, 뿌이 후메, 상세르 샤브리, 메르소	흰색 버터 소스와 르와르 와인이 잘 어울린다.
에끄레비스 (가재)	그라땅	뿌이 휘세, 메르소	요리의 맛이 샤르도네와 잘 어울린다.
랑구스띤 (바닷가재)	샷갓버섯	샤브리 G.C., 뫼르소, 몽라쉐 꼬똥 사르마뉴	크림과 샷갓버섯이 고급 샤르도네와 조화를 이룬다. 고급 요리에 고급 와인
오마 (바닷가재)	그릴	뿌이 휘메, 상세르 뿌이 휘세	쇼비뇽 향과 잘 어울리고 샤르도네는 맛이 잘 어울린다.

4) 생선 요리

생선 요리는 대부분 훈제하거나 버터로 굽거나 소스로 요리한다.

■ **훈제 생선**

- 프랑스 와인: Sauvignon de Saint-Bris(Yone), Sauvignon de Touraine, Entre-Deux-Mers, Bergerac sec, Corton-Charlemagne, Pouilly Fumé, Riesling, Chateauneuf-du-Pape blanc
- 다른 나라 와인: 스페인 Fino de Montilla Moriles, 그리스 Restina, 포르투갈 Bucelas, Retsina, 레바논 Coteaux de Kafraya blanc

■ **생선 버터 구이**

화이트 와인 중에서 드라이하고 신선한 것을 고른디.

- 프랑스 와인: Saint Veran, Bourgogne Aligoté, Macon blanc, Cotes de Blaye, Muscadet, Riesling grand cru, Hermitage blanc, Pessac-Leognan blanc classified, Coteaux champenois blanc
- 다른 나라 와인: 이스라엘 Sauvignon Blanc, 중국 Huadong Riesling, 오스트리아 Veltliner

■ **소스한 생선 요리**

생선을 약한 크림 소스로 요리(와인은 매우 부드러워야 한다.)

- 프랑스 와인: Cotes du Rhone blanc, Coteaux de l'Aubance(Anjou), Cotes du Roussillon blanc, Cotes de Duras blanc, Batard-Montrache, Condrieu, Pessa-Lognan blanc classified, Champagne brut
- 다른 나라 와인: 그리스 Santorin, 이탈리아 Orvieto 혹은 Frascati, 미국 Napa Chardonnay, 호주 Barossa Valley Chardonnay
- 와인과 함께 조리되는 경우: matelote(적포도주와 양파로 양념),

pochouse(민물생선 백포도주 찜), truite au Riesling(송어 리스링 찜), lamproie á la bordelaise(칠성장어 보르도 레드 와인) 등은 조리에 사용한 와인을 서빙해야 한다.

- 실제 요리와의 페어링은 다음과 같이 추천한다.

요리명	조리법	적당한 와인	매치의 근거
Saumon (연어)	그릴로 요리	뿌이 휘메, 상세르 그라브 W	연어의 향과 쇼비뇽의 향이 잘 어울린다.
Brochet (곤돌메기)	버터로 요리	몽루이, 소뮤르 베르주락, 뮈스까데	와인의 과일 향이 소스에 어울린다. 식초 향은 산미가 약한 와인과 조화된다
Turbot (가자미)	무스린 소스로 요리	그라브의 classified 와인, 꽁드리외	소스가 단맛이 있는 와인과 잘 어울린다
Truite (송어)	밀가루 묻혀 버터로 구운	부브레, 에르미따쥐	버터와 소스의 향이 와인과 어울린다.
Dorade (만세기)	오븐에 구운	부브레, 몽루이 프로방스 로제 샤브리, 뫼르소	소스의 풀 향과 화이트 와인이 잘 어울린다.
Lamproie (칠성장어)	레드 와인으로 요리	셍떼미리용, 뽀므롤 꼬뜨 드 프롱삭	칠성장어 요리가 와인의 old, épices를 약하게 하고 마지막 느낌을 둥글게 한다.
까비요 (생대구)	포도 소스로 요리	프레리, 미네르부와 꼬뜨 뒤 프롱또네	신맛이 줄고 타닌은 증진하고 맛이 둥글고 풍부해 진다

5) 가금류와 토끼 요리

이들은 전통적으로 육질의 컬러에 따라서 분류한다.

- 육질이 흰색인 가금류: 영계, 식용 닭, 암평아리, 수탉, 암칠면조
- 육질이 갈색인 가금류: 오리, 거위, 뿔닭, 비들기

■ 대부분의 레드 와인은 너무 강하지 않은 것이 가금류와 잘 어울린다.

흰색 육질의 가금류에는 매우 가벼운 레드 와인이 어울린다. 갈색의 가금류에는 약간 강한 레드 와인을 추천한다.

- 프랑스 와인: Beaujolais-Villages, Bourgueil, Chinon, Anjou Villages, Bordeaux rouge, Bourgogne Passetoutgrain, Corbieres, Fitou, Minervois, Medoc cru bourgeois, Morey-Saint-Denis, Vosne-Romanée, Chambolle-Musigny, Beaune, Volnay, Gevrey-Chambertin, Nuit-Saint-Georges(뒤의 둘은 바디감이 강하므로 갈색 가금류에 적당)
- 다른 나라 와인: 독일 Spät Burgunder, 포르투갈 Douro red, 이탈리아 Barolo, Chianti, 루마니아 Cabernet Sauvignon, 나파 밸리 Cabernet Sauvignon

■ 꼬꼬 뱅에는 조리에 사용되었던 와인을 서빙할 것을 추천한다.

coq au Riesling에는 Riesling을, coq au vin jaune와 aux morille에는 vin jaune du Jura, coq au Chambertin에는 Chambertin

- 구체적 요리에는 다음과 같이 추천한다.

요리명	조리법	적당한 와인	매치의 근거
쁠레 (영계)	커리	에르미따쥐 블랑 뫼르소, 뿌이 휘세	카레 향이 너무 스파이시하므로 최고급 와인은 피한다.
꺄나 (오리)	오렌지로 요리	뽀마르, 샤또 샤롱	소스가 단맛이 있는 와인에 적합
꼬 (수탉)	와인 소스	꼬뜨 드 뉘, 꼬뜨 드 본, P.C.와 G.C. 상베배르뗑	부르고뉴 와인에 적합
라뻉 (수탉)	버섯과 요리한	셍떼미리용, 뽀므롤 소뮤르	담백한 맛이 와인과 잘 조화됨

6) 흰색 육류

생선과 마찬 가지로 조리가 결정하다. 그릴하거나, 소스를 치거나이다. 소스를 치는 경우 어떤 종류의 소스냐. 붉은 색 육류와 흰색 육류에 같은 와인을 서빙하지 않는다. 계절도 생각하여 여름에는 가볍고 신선한 와인을 겨 울에는 강하고 알코올이 많은 와인을 추천할 수 있다.

■ **소고기** Roti **혹은** Grillé: contre–filet rôti, entredcote grillé, cotes de boeuf **등**

- 프랑스 와인: Vacqueyras, Pinot-Noir des Cotes de Toul, Cotes de Malepere Cabardes, Saint-Emilion, Morey-Saint-Denis. Santenay, Mercurey, 너무 강하지 않은 Cote Rotie
- 다른 나라 와인: 이탈리아 Chianti Classico, 튀니지의 Coteaux de Carthage rouge, 아르 헨티나 Cabernet Sauvignon, 스페인 Priorato

■ **소스친 육류: bourguignon, goulasch, estouffade 등**

소스의 재료가 와인이다. 조리에 사용된 와인과 같은 와인을 서빙한다. 굴라쉬에는 사용한 파프리카를 고려하여 Gigondas, Madiran, Fitou 같은 강한 타입의 레드 와인을 추천한다.

- 프랑스 와인: Crozes Hermitage rouge, Coteaux Varois rouge, Minervois rouge, Bandol rouge, Lirac rouge, Clos de Vougeot, cru de Fronsac
- 다른 나라 와인: 알제리의 Dahra rouge, 터키의 Buzbag, 아르헨티나 Malbec, 포르투갈 Da~o

■ Agneau Rôti **혹은** Grillé

- 프랑스 와인: Bourgogne rouge, Cotes Auxerre, Anjou village, Beaujolaisvillage, Cotes du Luberon Rouge, cru de Saint-Julien, Pauillac, Volnay, Vosne-Romanée
- 다른 나라 와인: 이탈리아 Sassicaia, 스페인 Rioja Alta, 남아공 Pinotage, 칠레 Cabernet Sauvignon

■ Veau Rôti **혹은** Poêlé

- 프랑스 와인: Macon, Touraine, Cotes du Rhone, Buzet Moulis, Margaux, Volnay, Chambolle-Musigny,
- 다른 나라 와인: 이탈리아 Vladolino, 스위스 Merlot du Tessin, 미국 Napa Chardonnay

■ Veau en Sauce: escalope á la créme, blanquette(송아지 스튜)

일반적으로 화이트 와인을 선택한다. 만일 부득이하게 레드 와인를 추천한다면 타닌이 적고 좀 가벼운 와인으로 선택한다.

• 프랑스 와인: Touraine blanc, Macon Village, Cotes du Rhone blanc

• 다른 나라 와인: 오리곤 삐노 그리, 오스트리아 바이스 부어군더, 호주 샤르도네, 이탈리아 삐노 그리지오

• 구체적 요리에 와인을 추천하면

요리명	조리법	적당한 와인	매치의 근거
꼬뜨 드 보 (송아지 갈비) 송아지 스튜	샷갓버섯	본 블랑, 볼네P.C. 삐삭 레오냥(R) 샤또네프 뒤 빠프 B 셍 조셉, 셍떼미리용	크림의 단맛은 와인의 gras함이 잘 조화된다. 요리와 와인의 신맛이 부드러워진다.
뽀 (돼지고기)	구운	앙주, 브르게이유 쇼떼른	특징이 적은 레드나 단맛이 있는 화이트가 어울린다 .

7) 붉은색 육류

• 구체적 요리에 와인을 추천하면

요리명	조리법	적당한 와인	매치의 근거
앙뜨르꼬뜨 (소)	적 포도주와 에샬로뜨 마늘	뽀므롤, 뽀이약,	요리의 단백질이 와인의 타닌을 부드럽게 해준다.
아뇨 (새끼 양고기)	그릴한	뽀이약, 마고 셍 쥴리앙, 셍떼스떼프	등살과 엉덩이 살에는 타닌이 많고 복합성이 있는 고급 와인 어울린다.
무똥 (양고기)	구운 파슬리 소스한	셍 쥴리엥 셍 떼스떼프	넓적 다리 요리에는 고급 와인이 잘 어울린다

8) 기타 부위 고기 요리

요리명	조리법	적당한 와인	매치의 근거
리 드 보 (송아지 가슴살)	삿갓버섯 곁들인	꽁드리외, 에세조, 꼬뜨 뒤 쥬라, 마고, 보졸레, 브루이	요리의 촉감과 와인이 대조 쓴맛이 약해지고 신맛이 나타남
떼뜨 드 보 (소머리)	그리비쉬 소스	상세르 R, 부르고뉴 이랑시	요리의 gras함이 와인 의 발랄함을 줄여서 둥글게 해준다.

9) 사냥한 고기

사냥 고기와 가금류는 생선과 육류와 마찬가지로 조리와 시즌과 먼저 마신 와인, 다음에 마실 와인 등을 고려해야 한다. 깃털이 있는 동물과 털이 있는 동물은 구별해야 한다.

■ 깃털이 있는 동물: 메추라기, 자고새, 꿩

일반적으로 부드럽고 섬세한 레드 와인과 잘 어울린다. 그삐노 그리, 알자스 그랑 리스링 등의 화이트 와인도 서빙이 가능하다.

- 프랑스 와인: Cotes du Roussillon Villages, Beaujolais cru, Cote de Beaune Villages, Corbieres, Cotes de Casillon, Margaux와 Saint-Emilion cru classé, Beaune, Chambolle Musigny, Coteaux Champenois rouge
- 다른 나라 와인: 마국 Opus One, 이탈리아 Tignanello, 스위스 Dôle, 멕시코 Zinfandel, 호주 Shiraz, 불가리아 Gamza, 레바논 Chateau Musar

■ 털이 있는 동물

강하고 바디감이 강한 레드 와인을 선택해야 한다.

• 프랑스 와인: Cotes duu Rhone Villages, Corbieres, Cotes de Nuit-Villages, 오크 숙성 Bordeaux superieur, Pommard 1 er cru,Coron, Côte Rôtie, Hermitage, Chateauneuf-du-Pape, Pomerol, Saint-Emilion cru classé, Cahors cru

• 다른 나라 와인: Vega Sicilia(스페인), Grange(호주), Dão(포르투갈), Naoussa(그리스), Cabernet Sauvignon(칠레)

와인은 고급을 선택해야 하고 특히 소스가 진할 경우에는 더욱 숙성된 고급 와인을 선택해야 한다.

• 구체적인 와인의 추천은 다음과 같다.

요리명	조리법	적당한 와인	매치의 근거
베까스 (멧 도요)	송로버섯요리	뮈지니, 뽀므롤, 꼬뜨 로띠, 에르미따쥐	강한 truffle의 향이 복합적인 향을 가진 와인에 잘 어울린다
까이유 (메추라기)	포도를 사용	셍떼미리용, 뽀므롤	레드 와인은 쓴맛이 적은 것, 화이트는 꽃, 과일 향이 많은 것이 잘 이울린디
퍼장 (꿩)	송로와 푸아그라	게뷰르츠트라미너 꼬르똥 그랑 끄뤼, 셍 쥴리앙, 꼬뜨 로띠	와인의 부드러움이 요리의 gras하고 풍만함을 잡아준다
꼬뜨 드 상그리예 (멧돼지 갈비)	배를 곁들인	꼬르비에르, 마디랑, 샤또네프 뒤 빠프 꼬뜨 뒤루시용 - 빌라쥐	Gibier의 소스 때문에 와인이 부드러워지고 와인의 tanin과 épice가 줄어든다
지그 드 쉬브레이 (노루 넓적다리)	소금과 후추 소스	뽀므롤, 방돌 에르미따쥐 루지	노루를 구운 향에도 와인의 향이 유지하고 복잡성은 약해진다

5. 와인과 Fromages(치즈)의 페어링

"치즈가 없는 식사는 한쪽 눈이 없는 미인이다"라고 말하는 사람도 있다. 프랑스는 여러 가지의 특징이 있는 치즈를 가진 나라이다. 문제는 좋은 치즈를 고르는 것과 잘 어울리는 와인을 고르는 것이다.

우리는 자주 기본이 되는 요소를 잊어버린다. 그것은 바로 우리가 구입하는 치즈의 품질이다. 살균된 치즈, 로끄포드 치즈, 짠 치즈 등은 큰 문제가 없다. 너무 대단한 와인을 선택하지 않아도 된다.

■ 치즈와 값비싼 와인과 매치하나?

치즈가 나쁜 와인을 마실 만한 것으로 만들어 준다는 것을 기억하라. 그러나 거꾸로 좋지 못한 치즈를 선택하면 와인의 품질을 죽여준다. 반대로 잘 알려진 사실은 대부분의 치즈는 고가의 그랑 뱅과는 매치하지 않는다 등일 것이다. 와인에 따라서 적당한 치즈를 생각하고 반대가 되지 않도록 선택해야 한다.

쇠고기 요리에 아주 고급 와인을 마신 후에 매우 어리고 신선하고 푸루티한 와인과 치즈 접시로 다시 돌아가는 것은 금하는 것이 바람직하다.

치즈에는 많은 종류가 있으므로 치즈는 카테고리별로 구분된다는 것을 알 필요가 있다.

신선한 치즈(fromage frais)

껍질에 곰팡이가 있는 연성 치즈(pâtes molles á croute fleurie)

껍질을 씻은 연성 치즈(pâtes molles á croute lavée)

염소 치즈(chevres)

녹색 곰팡이 치즈(pâtes persillée)

압축되고 구멍이 없는 치즈(pâtes pressé non cuites)

압축되고 구멍이 있는 치즈(pâtes pressée cuites)

추천할 때 치즈가 어느 카테고리에 속하는지를 고려해야 한다.

■ 신선한 치즈

이 치즈에는 드라이 하고 가벼운 화이트 와인 혹은 타닌이 없고 매우 가벼운 레드 와인으로 제한된다.

■ 껍질에 곰팡이가 있는 연성 치즈

camenbert, brie, carré de l'est, chaource

- 프랑스 와인: Coteaux du Lyonnais rouge, Cote Roannaise, Saint-Nicolas -de-bourgueil, Cotes de Bourg, Savigny les Beaune, Saint-Estéphe, Vieux Chinon, Bourgueil, Cote de Beaune-Village
- 다른 나라 와인: Rioja reserva(스페인), Valpolicella(이탈리아), Savagnin(스위스)

■ 껍질 씻은 연성 치즈

livarot, pont-l'évêquée, munster, maroilles

- 프랑스 와인: Coteaux du Rhône rouge, Cotes de Saint-Mont, Gaillac rouge, Coteaux du Languedoc rouge, Cotes de Nuits-Village, Pomerol, la Lande Pomerol. Saint-Emilion, Gevrey-Chambertin, Aloxe-Corton, Cahors, Côte Rôtie
- 다른 나라 와인: 이탈리아 Vino nobile di Montepulciano, 남아공 Pinotage, 캘리포니아 Zinfandel, 칠레 Cabernet Sauvignon

■ 염소 치즈

- 프랑스 와인: Sauvignon de Touraine, Entre-Deux-Mers, Macon

blanc, Pouilly-fumé, Sancerre, condrieu

• 다른 나라 와인: Sauvignon(뉴질랜드, 남아프리카공화국), Fino de Montilla-Moriles(스페인)

■ 녹색 곰팡이 치즈

roquefort, bleu de Brasse, fourme d'Ambert, bleu de Gex

• 프랑스 와인: Saint-Croix-du-Mont, Côtes de Motravel, Loupiac, Sauternes Crus Classé, Barsac, Bonneaux, Vieux Cahors, Vieux Madiran, Banyuls grand cru

• 다른 나라 와인: Vino Santo(이탈리아), Riesling Beerenauslese(독일), Port(포르투갈), Madeira, Icewine(캐나다), Bouvier Beernauslese(오스트리아), Mavrodaphne de Patrs(그리스)

■ 압축되고 구멍이 없는 치즈

cantal, saint-nectaite, morbier

• 프랑스 와인: Côtes d'Aubergne, Lirac rosé, Bourgogne Aligoté, Beaujolais-Villages, Hermitage blnc, Beaune rouge 1er cru, Listrac과 Moulis의 cru bourgeois,

• 다른 나라 와인: Mantinia(그리스), Furmint(헝가리), Müller-Thurgau (독일), Blanc de Morgex(이탈리아)

■ 압축되고 구멍이 있는 치즈

comté. beaufort, Emental grand cru, abondance

• 프랑스 와인: Cotes du Jura blanc, vins de Savoie, Côtes duu Roussillon blanc, Chateau Chalon, Crépy, Chambolle-Musigny,

Saint-Estéphe, Saint-Julien

- 다른 나라 와인: Fino Sherry(스페인), szamorodni sec(헝가리 토카이), Fendant(스위스), Chardonnay(소노마)

1) 치즈의 역사

치즈의 역사는 아주 오래된 것으로 알려져 있다. 치즈에 관한 유물 발굴은 BC 3,000년 경으로 거슬러 올라가며 이때의 자료에 의하면 그 시대에 20여 종의 치즈가 있었다고 한다. BC 10,000년경에 이미 양과 염소를 길렀다고 추정되며 이 시기의 목동들이 우유를 응고시켜서 식용으로 사용하였을 것으로 추측된다. 암소의 젖으로 만든 치즈는 그 후 약 2,000~3,000년 후에 이용되었을 것으로 추정된다. 그리스와 로마 시대를 다룬 호머의 『오딧세이』 등에도 치즈에 관한 이야기가 자주 등장한다. 로마 시대에는 치즈를 날로 먹기도 하고 익혀서 먹기도 하였다.

AD 60~65년경에는 소의 네 번째 위에서 추출한 응고제를 우유에 넣어서 치즈를 만드는 법 등이 알려졌고 로마 군인들의 1일분 식량에 치즈가 포함되었다는 기록이 있다. 그 이후 로마가 쇠퇴하고 몽골, 사라센 등 여러 침입자들로 인해서 유럽은 격변기에 들어서고 또 페스트의 창궐로 치즈 제조 기술의 발전이 점점 미약하게 되었다. 이후 수도원 등에서 여러 가지 기술개발 등 발전을 해오다가 프랑스에서는 1919년 5월 6일 치즈에 A.O.C. 제도를 처음으로 도입하게 되었고 나중에 이 A.O.C. 제도는 프랑스 와인에도 적용하였다. 프랑스에만 현재 약 500종의 치즈가 있고 연간 약 17만 톤의 A.O.C. 치즈가 생산되고 있다. 물론 A.O.C.가 아닌 치즈가 더 많다.

2) 치즈의 A.O.C.

A.O.C. 치즈	생산 지역	가축명	잘 어울리는 와인
Bleus			
d'Auvergne	Auvergne	소	Sautern, Maury(VDN)
Causses	Ruergue	소	Barsac Moelleux, Banyuls G.C.
Haut Jura	Franche-Comté	소	Sainte-Croix-du-Mont(VDN)
Vercors	Sasssenage Bresse	소	Barsac Moelleux, Banyuls G.C.
Brebis de Pyrénées			
Ossau Iraty	Béarn	양	Irouléguy, Graves sec
Valle de l'Ossau	Pays Basque	양	Irouléguy, Entre-Deux-Mers sec
Matocq	Béarn	양	Juranc,on sec
Brie			
Meaux	Bourgogne	소	Saint Julien (r), Vosne-Romanée,
			Hermitage
Melun	Champagne	소	Bourgogne(r)
Cabécou			
Rocamadour	Quercy	소	Gaillac(r), bergerac sec
Camembert			
Normandie	Normandie	소	Saint-Emilion(r),Saint-Estephe(r)
Cantal			
Fourme	Auvergne	소	Cótes d'Auvergne, Moulin-á-Vent(r)
Salers	Auvergne	소	Saint-Pourc,a in, Touraine(r)
Laguiole	Auvergne	소	Côtes-du-Frontonnais(r)
Chaource	Champagne	다양	Champagne rosé, Coteaux Champenois(r)
Chévre de la Loire			
Chabichou du Poitou	Poitou	염소	Sancerre, pouilly Fumé
Crottin de Chavignol	Sancerre	염소	Sancerre de Chavignol

Pouligny-Saint-Pierre	Berry	염소	Reuilly, Sancerre
Saint-Maure de	Touraine Pitou	염소	Chinon(r), Vouvray
Seller-sur-Cher	Berry	염소	Sancerre, Pouilly Fumé
Valenay	Touraine, Berry	염소	Quincy, Reuilly, Sancerre
Corse			
Brocciu,	Corse	양, 염소	Marc de Corse
Maroilles			
Maroilles	Tiérache	소	Chateauneuf du Pape
Picodon			
Picodon	Languedoc, Provence	염소	Riversalt
Pont-l'Eveque	Normande	소	Condrieu, Cidre
Reblochon	Savoie	소	Vin dr Savoie, Pommard(r)
Rigotte			
Roquefort	Provence, Corse,	양	Sautern, Banyuls
	Languedoc, Roussillon		
Saint-Nectaire	Auvergne	소	Saint Estephe(r)
기타 지역			
Abondance	Savoie	소	Côte de Nuit Village(r)
Neufchatel	Normande	소	Pomerol, Saint-Emilion(r)
Munster/Gérome	Alsace, Lorraine	소	Gewürztraminer, Tokay
Époisses	Bourgogne	소	Pouilly Fuissé, Sautern moelleux
Fourme d'Ambert/ Montbrison			
	Loire, Auvergne	소	Sautern Moelleux, Riversaltes
Langres	Champagne	소	Marc de Champagne
Livarot	Normande	소	Tokay, Vendage tardives
Comté	Bourgogne	소	Côtes de Jura, Vin de Paille doux

3) 치즈의 제조

– 노르망디 치즈의 제조 공정

아침저녁으로 하루 두 차례 젖소의 젖을 채집한다.

원유를 수집한 후 이송 도중에도 온도를 12℃로 유지한다.

원유를 발효한 다음 32℃에서 탈지한다.

30℃로 우유를 가열한 후 응고 효소를 첨가하여 응고시킨다.

1시간 반이나 두 시간 동안 응고한 후에 이를 부수어서 형틀에 담아둔다.

수분이 빠지면 양이 줄어들게 되므로 이를 계속 보충해주는데 대략 1시간 동안 5회 정도 보충해 준다.

7시간 후에 형틀을 뒤집는다.

형틀 속 치즈에 95g 무게의 플레이트를 하루 동안 눌러준다.

다음 날 형틀을 제거해 주고, 다음에 플레이트를 제거한다.

성형된 치즈에 페니실륨 균을 뿌려주며 5일 후에는 위와 옆에 소금을 친다.

다음에 치즈를 뒤집어서 아래의 부분에도 소금을 약간 친다.

건조실로 가기 전에 하루 저녁을 정치한다.

치즈 건조실에서 2주 동안 13℃로 유지하고 습도 85% 상태에서 건조시킨다.

건조 5일째에 껍질이 형성되고 8일째는 얇아지게 된다.

2주일 후에는 흰색 곰팡이가 퍼진다.

그 후 종이에 싸서 대패 밥으로 만든 상자에 담고 출하한다.

6. 디저트와 와인의 페어링

디저트Desserts는 긴 공백 기간 끝에 19세기 초부터 "디저트 와인"이라는 것이 유명하게 되었다. 디저트는 식사를 종료하는 것으로 구성된다.

어떤 사람은 반드시 샴페인을 추천해야 한다고 한다. 왜 그래야 되는데? 샴페인 중에서 단맛이 적거나 단맛이 없는 샴페인 또 숙성이 상당히 된 상태이라면 단맛이 많은 디저트와는 매치가 잘되기 어렵다. 앞에서 보았듯이 샴페인은 아페리 티프로 훌륭하다. 일반적으로 디저트와 와인의 페어링은 다음과 같다.

1) 초콜릿

- 프랑스 와인: vins doux naturels(Rasteau, Rivesaltes, Maury)
- 다른 나라 와인: Vino Santo(이탈리아), Port doux(포르투갈), Malaga doux(스페인), Mavrodaphnede Patras(그리스), Nectar(몰디브)

2) 붉은색 과일 파이

어리고 가볍고 fruite한 레드 와인과 달콤한 로제 와인을 선택할 수 있다.

- 프랑스 와인: rosé d'Anjou, Crément rosé demi-sec, Champagne rosé demi-sec
- 다른 나라 와인: Brachetto d'Acqui, Lambrusco sweet(이탈리아), Cava rosé demi-sec(스페인), Tsimlanskoye red sweet(러시아)

3) 편도 크림과 다른 파이

- 프랑스 와인: Muscat de Beaumes de venise, Rivesaltes, St. Jean de Minervois, Bordeaux moelleux, Monbazillac, Anjou doux, Sauternes, Marsac, Coteaux du Layon, Bonneaux, Champagne demi-sec, Gewürztraminer vendanges tardives
- 다른 나라 와인: Traminer de Murfatlar(루마니아), Muscat de Samos(그리스), Patras, Muscat de Setubal(포르투갈)

4) 그 외의 추천

디저트	추천 와인	추천 근거
바닐라 아이스크림	샴페인, 뮈스카	과일향과 발포성이 조화
빠떼스리(과자)	까르드숌, 본조, 주랑송	너트류에는 고급 와인의 맛이 있다.
Fruit frais	달콤한 화이트 와인	과일의 단맛과 향이 와인과 매치됨

음료

소믈리에가 업장에서 해야 할 업무는 와인의 서빙만이 아니라 주방에서 조리하여 나오는 요리 이외의 모든 음료도 관리하고 서빙하는 것이다. 따라서 와인을 포함한 모든 주류와 주류 이외의 음료를 관리해야 한다.

와인 이외의 모든 음료에 대해서도 상당한 수준으로 알고 있어야 고객들에게 만족할 만한 서빙이 가능할 것이다.

이를 위하여 음료의 종류에는 어떤 것이 있고 서빙은 어떻게 해야 하는지를 차례로 설명하겠다.

■ 음료의 구분

국어사전에는 음료는 사람이 마실 수 있도록 만든 액체를 통틀어서 음료라고 하고, 위키백과에서는 액체를 많이 포함하여 마실 수 있는 음식을 음료수라고 부르지만 엄밀히 말하면 음료수는 마시거나 요리에 사용되는 물을 말한다고 나와 있다.

이 음료는 알코올성 음료와 비알코올성 음료로 구분하고 있으며 이를 세분하면 다음과 같다.

• **알코올성 음료(주류)**

- 양조주
  - 과일 원료(당질)
    - 포도주
    - 과실주
  - 곡류 원료(전분질)
    - 맥주
    - 청주
    - 막걸리
- 증류주(양조주를 증류하고 물로 희석하여 알코올 43% 내외로 만든 술)
  - 꼬냑
  - 마끄, 그라파
  - 위스키
  - 진
  - 보드카
  - 럼
  - 테킬라
- 혼성주: 리큐르(양조주와 증류주에 초근, 목피 등의 향초를 혼합하고 착색과 감미를 추가한 술)

• **비알코올성 음료**

- 기호성 음료
  - 커피
  - 차
- 청량 음료
  - 탄산음료
    - 콜라
    - 사이다
    - 소다수
  - 무탄산 음료
    - 물
    - 광천수
    - 지하수
- 영양 음료
  - 주스류
  - 우유류

이들 음료들에 대해서 알아보도록 하겠다.

1. 알코올성 음료(주류)

1) 맥주(Beer)

맥주는 곡류인 보리의 전분질을 맥아의 당화 효소로 당화하여 만든 맥즙을 발효시키며 이때 발생하는 탄산가스를 포화시켜서 쌉쌀한 맛이 나게 만든 알코올 5% 정도의 술이다.

① 맥주의 역사

맥주의 기원은 곡주의 시작을 의미하며 인류가 유목 생활에서 정착하여

농경 시대에 들어와 곡류를 재배하고 가공하면서 빵과 함께 생겨난 것으로 추측되고 있다. 기원전 4,000년경 티그리스 유프라테스 강 유역에서 수메르인이 최초로 맥주를 만든 것으로 알려져 있으며 기원전 3,000년경 메소포타미아 시대에는 보리를 원료로 사용하였다.

바빌로니아에서는 육조맥을 사용하였고, 보리 재배가 이집트로 전래되었다. 이후에 그리스, 로마를 거쳐서 유럽으로 전래되었고 이조맥 보리의 산지인 독일과 영국에서 발전하여 성행하였다. 우리나라에는 구한말 1876년 개항이후 일본인 거주자가 늘면서 일본 맥주가 유입되었으며 삿포로 맥주가 처음 한국에 들어온 것으로 알려져 있다. 1900년 전후로는 기린맥주가 들어왔는데 이들 맥주는 상류층과 부유층에서 소비되었다. 1933년 일본의 맥주회사들이 한국에 조선맥주와 소화 기린맥주 회사를 설립하였으며 해방 후 1951년 이들 회사가 한국인에게 불하되어 오비맥주(주), 조선맥주(주)가 되었다.

② 맥주의 종류

• 전통적 분류방법

발효방법에 의한 분류	색깔에 의한 분류	산지에 의한 분류
하면 발효 맥주	담색(옅은 색) 맥주	필스너 맥주(체코) 도르트문트 맥주(독일) 아메리칸 맥주
	중간색 맥주	OB, Cass, Hite(한국)
	짙은(농색) 맥주	빈 맥주(오스트리아),뮌헨 맥주(독일)
상면 발효 맥주	담색(옅은 색) 맥주	에일 맥주(영국)
	농색(짙은 색) 맥주	스타우트 맥주(영국), 포터 맥주(영국), 람빅 맥주(벨기에)

* 하면 발효: 세계맥주의 3/4 정도가 이 방법을 사용하며 발효할 때 효모가 아래로 가라앉는 하면 효모를 사용하며 저온에서 발효하며 우리나라를 비롯하여 독일, 미국, 일본 등 대부분의 나라가 이 방법을 사용한다.
* 상면 발효: 발효할 때 효모가 표면으로 떠오르는 상면 효모를 사용하며 비교적 고온에서 발효하며 영국, 캐나다, 독일 북부, 벨기에 등에서 이 방법을 사용한다.

③ 특수 맥주

• 무알콜성 맥아 음료(Alcohol Free Beer)

알코올 성분은 없으면서 맥주 양조에 들어가는 것과 똑같은 원료를 사용하여 하얀 거품과 맛과 향과 색깔이 맥주와 똑같이 만든 맥아 음료로써 음주가 금지되어 있는 이슬람권 국가에서 음용되고 있다.

• 비알콜성 맥아 음료

보통 알코올 1% 이내의 맥아 음료를 말하며 일반 맥주와 똑같이 양조과정을 거친 후 일정량의 알코올을 제거해서 만든다. 알코올도 있고 맥주 맛도 나지만 상표에는 맥주가 아닌 맥아음료로 표기되어 있다. 국내에는 오비 사운드가 알코올 0.7%로 이런 종류의 맥주이다.

• 라이트 맥주(Light Beer)

라이트 맥주에는 저 알코올과 저 탄수화물의 두 가지가 있다. 저 알코올 맥주의 알코올 도수는 3~4% 정도이고 저 탄수화물 맥주는 칼로리가 적어서 다이어트 맥주라고도 한다.

④ 맥주의 양조 공정

■ 맥주의 원료

맥주의 원료는 맥아, 호프, 물 등으로 만들어진다.

* 맥아(Malt): 맥아는 보리의 싹이 나게 한 엿기름으로 주로 2조 맥을 사용한다. 맥주 보리는 탄수화물은 많고 단백질이 적고 껍질이 얇은 것

이 좋다.

* 호프Hops: 호프는 뽕나무과의 넝쿨식물로서 맥주는 호프의 암꽃을 사용한다. 주로 독일, 미국, 체코 등지에서 재배되고 있다.
* 물: 맥주에 사용되는 물은 맥주의 품질에 중요한 역할을 하므로 양조에 적합한 물을 사용해야 한다. 일반적으로 담색 맥주는 연수가 좋고 농색 맥주는 경수가 좋다. 물은 무색, 무취이어야 하고 유기물 및 유기물이 부패된 질소화 합물 등이 없어야 한다. 용수를 대부분 자체 처리 과정을 거쳐서 사용한다.
* 부 원료: 100% 맥아를 사용하지 않고 양조하는 경우 일부 전분 첨가물을 사용한다.

■ 맥주의 양조 공정

맥아 제조(제맥), 맥아 즙 제조(담금), 발효 공정, 숙성 공정, 병입 공정으로 구분된다.

* 제맥 공정: 2조맥 보리를 수취한 후 발아시켜서 맥아를 만드는 공정으로 보리를 15℃에서 약 35시간을 물에 담가서 보리에 수분이 42~45% 되게 한다. 이 보리를 14~18℃에서 일주일 전후 발아시킨다. 이 맥아를 85℃ 전후로 가열, 건조시켜서 부패와 변질을 방지하고 맥아의 성장을 억제 시킨다. 이 과정을 통하여 수분 함량을 8~10%로 낮추고 다시 가열하여 1.5~3.5%로 낮춘다.
* 맥아 즙 제조 공정: 맥아의 뿌리를 제거하고 분쇄한 후에 전분 첨가물인 옥수수 전분, 쌀 전분 등을 첨가하고 여기에 뜨거운 물을 첨가하여 62~65℃로 가온하면 맥아에 있는 당화 효소에 의하여 전분질이 가수분해되어 맥아당이 된다. 당화가 끝난 맥아즙에 홉스를 첨가하여 1~2

시간 끓인 후에 맥아 즙을 5~10℃로 냉각한다.

* 발효 공정: 발효는 일반적으로 오픈Open 탱크에서 발효하며 냉각시킨 맥즙에 하면 발효 효모를 첨가하여 알코올 발효를 시작하며 약 1주일 후에 발효를 종료한다.
* 숙성 공정(후 발효 공정): 주 발효가 끝난 맥주는 탄산가스가 없다. 주 발효가 끝난 맥주를 밀폐 탱크에서 0~2℃로 약 3개월 정도 두면 저온에서 후 발효가 일어나 남아 있는 발효성당이 전부 발효하게 되고 이때 발생하는 탄산가스가 맥주 속에 포화하게 된다. 이 숙성기간 중 맥주를 여과하고 청징한다.
* 병입 공정: 숙성된 맥주를 그대로 통에 담으면 생맥주가 되며 이 맥주는 살균 과정을 거치지 않는다. 숙성된 맥주를 병에 담으면 병맥주가 되며 이 병맥주는 65℃ 전후로 약 30분을 두어 살균한다. 숙성된 맥주를 여과하여 미생물을 제거하고 병에 담아 가열 살균을 하지 않은 맥주를 병 생맥주라 한다.

• 맥주 공장의 양조 공정

맥주맥 – 정선기 – 선별기 – 침맥탱크 – 발아실 – 건조실 – 제근기 –

물 ↓ (당화조), 홉스 ↓ (자비조)

분쇄기 – 당화조 – 여과조 – 자비조 – 분리조 – 냉각기 – 발효탱크 –

당화조: 전분 첨가물 (60~65℃) / 자비조: (1~2시간) / 냉각기: 5~10℃ / 발효탱크: 1주일

저장탱크 – 여과기 – 압력탱크 – 주주기 – 타전기 – 살균기 –

저장탱크: 0~2℃ (3개월) / 압력탱크 ↓ 생맥주 / 주주기 ↑ 세병기 ← 병

상표부착기 – 상자투입기 – 상자 적단기 – 창고

⑤ 맥주의 보관

맥주는 보관 조건을 잘 맞추어야 그 품질이 유지된다.

- 시원하면서 온도 변화가 적고 통풍이 잘되는 건조한 곳이 좋다.
- 구입한 후 바로 마시지 않을 경우에는 냉장고 등의 낮은 온도에서 보관해야 한다.
- 직사광선을 피하여야 한다.

⑥ 맥주의 서빙

- 맥주의 온도 확인

  서빙 온도는 여름철 4~8℃, 봄·가을에는 6~10℃, 겨울에는 10~12℃로 하는 것이 가장 맛을 잘 즐길 수 있다. 맥주가 미지근하면 거품이 많고 맛이 없으며, 너무 차면 거품이 잘 일지 않고 맛도 잘 느낄 수 없다.
- 청결한 맥주잔 사용

  맥주잔이 너무 차거나 더러울 때는 거품이 잘 유지되지 않는다. 따라서 맥주잔은 청결해야 한다
- 맥주잔에 따르는 요령

  맥주잔을 약간 기울여 조용히 절반쯤을 따르고 다음에 세워서 천천히 따라서 맥주의 거품이 약 2~3cm 두께가 되도록 해준다.
- 맥주와 안주

  맥주의 안주는 단맛이 나는 것은 피하고 짭짤하며 기름기가 있는 땅콩, 김, 소시지, 햄, 치즈, 팝콘, 크래커, 샐러드, 신선한 채소, 과일 등이 좋고 두부 찜, 생선전, 튀김 요리 등에도 잘 어울린다.

⑦ 세계적인 맥주 브랜드

- 독일: Beck's, Crombacher, Holsten, Löwenbräu, Henninger,

Schneider, DAB, Beriner 등

- 벨기에: Maes, Timmermans, Binchoise, Leffe, St. Paul, St. Louis, Mort Subite, Rodenbach, Chimay, Jupiler 등
- 미국: Budweiser, Anchor, Miller, Schlitz, Coors, Corona, Michelob, Modelo, Natural, Busch, Stella Artoia 등
- 네덜란드: Heineken, La Trappe, Grolsch, Alfa, Amstell, Armsterdam, Arcene, Bavaria 등
- 덴마크: Carlsberg, Green Bacchus, Giraf, Tuborg, Hancok, Albani, Faxe 등
- 영국: New Castle, Black Douglas, Guinness, St. Austell, Thornbridge, Harvey's, Tiny Rebel, Late Knight 등
- 일본: Kirin, Asahi, Sapporo, Suntory, Orion, Otaru 등
- 멕시코: Corona, Tecate, Modelo, Bohemia, Sol, Dos Equis, Nocho Buena, Victoria 등
- 중국: Snow Beer, Harbin, Pearl River, Tsingtao, Yan Jing, Tiger 등
- 한국: 오비, 카스, 하이트, 클라우드 등이 있다.

2) 꼬냑(Cognac)

와인을 증류해서 만든 증류주로 세계적으로도 유명한 꼬냑은 프랑스 보르도 북쪽의 Charente와 Charente Maritime 지역에서 연간 약 1억 4,500만 병이 생산되며 이중 1억 2,000만 병이 수출되고 있다. 수출 물량의 20%는 미국으로, 13%는 일본, 11%가 홍콩으로 수출된다. 꼬냑 지방에는 총 90,000ha의 포도원이 있다. 사용되는 포도 품종은 Ugni Blanc을 주품종으로 Folle blanche, Colombard가 90%이며 기타 Montils, Semillon,

Sauvignon, 등을 10% 사용한다. 1909년 5월 1일 꼬냑을 생산하는 지방을 6개의 sous region으로 구분하였다.

① 꼬냑 생산 지역

- 그랑드 샹파뉴Grande Champagne

  석회 점토의 토질이며 13,000ha의 포도원이 있다. 가장 고급 꼬냑을 생산 하는 지방으로 꽃향이 많고 오크통에서 오래 숙성해야 제대로 맛이 난다.

- 쁘띠 샹파뉴Petit Champagne

  석회 점토와 모래 등의 토질이며 16,000ha의 포도원이 있다. 그랜드 삼페인Grand Champagne 인근에 있는 곳으로 그랜드 샴페인보다 덜 풍부하다.

- Les Borderies

  규토와 점토가 섞여 있는 토질이며 4,000ha의 포도원이 있다. 향이 강하고 상당히 매력적이고 부드러우며 빨리 숙성된다.

- Les Fin Bois

  Grand Champagne, Petit Champagne, Borderies 지역을 둘러싸고 있는 지역이다. 여러 가지의 토질이며 18,000ha의 포도원이 있다. 약간 가벼우며 빨리 숙성이 되고 향도 Borderies 보다 좀 약하다.

- Les Bons Bois

  석회가 많은 토질이며 38,000ha의 포도원이 있다. 특징이 적고 가벼우며 숙성도 빨리 된다.

- Les Bois Ordinaires

  모래가 많은 토질이며 지역의 테루아르Terroir 특성이 강하다.

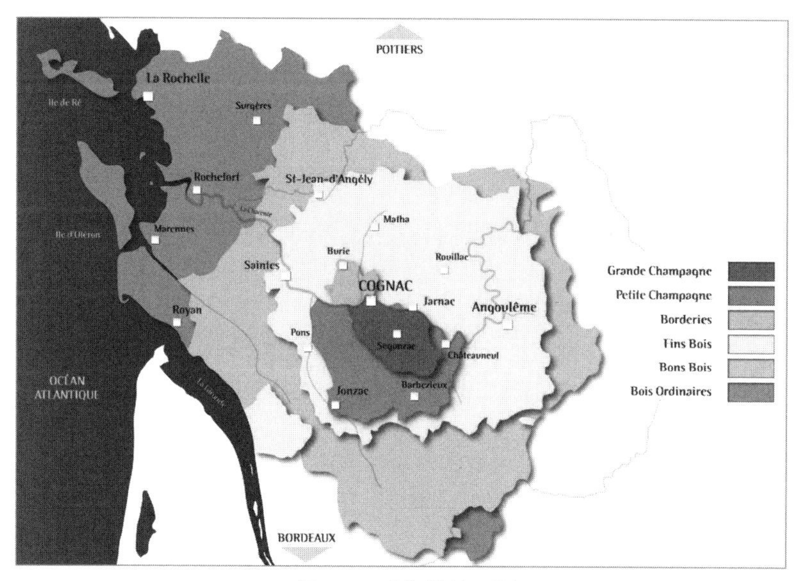

지도 17 꼬냑 생산 지역

② 꼬냑의 제조

- 와인의 양조

포도를 수확하여 약 3주일 동안 발효하며 알코올은 대략 8~9도 정도가 된다. 꼬냑의 제조에는 숙성된 와인이 아니라도 되므로 와인을 숙성하지 않고 바로 증류 작업을 하는데 다음 해 3월 말까지 모든 와인의 증류 작업을 끝내야 한다.

- 와인의 증류

와인을 가열하여 와인 속의 알코올을 기화시키고 이 기화된 알코올을 냉각시켜서 액체 상태로 만드는 것을 말한다. 와인을 가열하면 와인 속의 물은 100℃에서 기화하나 알코올은 78.4℃에서 기화한다. 따라서 78℃와 100℃ 사이로 와인을 가열하면 알코올이 먼저 증발하므로 이 증

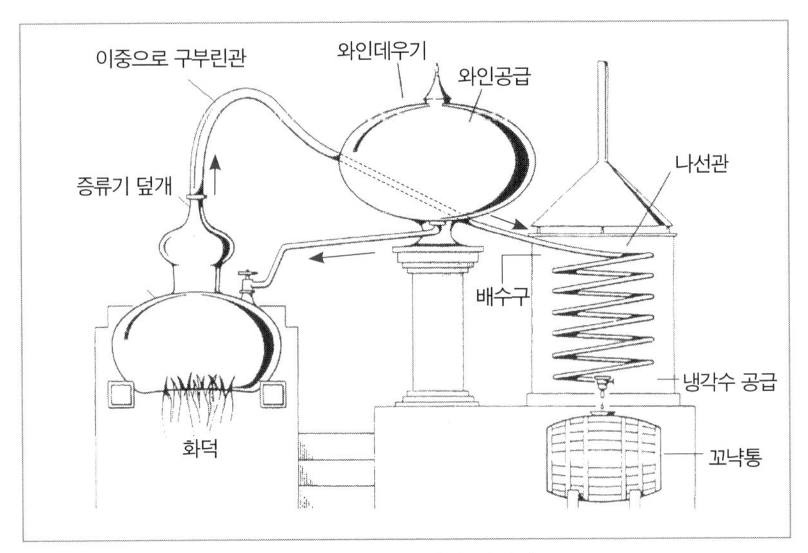

그림 3 꼬냑 증류 방법 아람비크

발한 알코올을 냉각시켜 회수할 수 있다. 꼬냑 지방에서는 증류에 Alambic Charentais á repasse(혹은 double distillation) 방법을 사용한다.

증류 장치에 공급된 와인은 1차 증류로 알코올 27~30%의 Brouilli를 얻고 이 Brouilli를 다시 한번 더 증류해서 67~72도의 알코올을 얻게 된다. 알코올을 받을 때 처음에 증류장치에서 나오는 것을 Têtes라고 하고, 마지막에 얻은 것을 Secondes라고 한다. 이 두 부분의 알코올은 Brouilli에 섞어서 다시 증류하고 중간에 얻은 좋은 알코올로 꼬냑을 만든다. 꼬냑을 만드는데 필요한 알코올로 조절할 때에 물을 사용하며 이때 사용할 수 있는 물은 미네랄을 제거한 물 혹은 연화 장치를 통과한 물 혹은 증류수를 사용할 수 있다.

• 꼬냑의 숙성

알코올을 조정한 꼬냑은 향과 맛이 별로 없는 상태이므로 이것을 오크통에 담아 숙성시키면 꼬냑의 독특한 향과 맛을 가지게 된다. 오크통은 리무쟁Limousins 이나 트롱쎄Tronçais 오크통을 사용한다. 리무쟁은 꼬냑의 동쪽 리무쟁에서 자란 나무로 만든 오크통으로 타닌이 많고 리그린이 트롱쎄 보다 적다.

트롱쎄는 프랑스 중앙부에 있는 숲에서 생산된 나무로 만든 오크통으로 타닌을 빨리 방출하므로 짧게 숙성할 꼬냑은 이 오크통을 많이 사용한다. 오크통에서 숙성하는 동안 오크통의 나무를 통하여 알코올이 연간 약 2% 정도 증발하는데 연간으로 계산한다면 프랑스에서 소비되는 꼬냑의 양만큼 증발된다. 이 증발되는 꼬냑을 천사의 몫(la part des anges)이라고 말한다. 오크통에서 꼬냑은 완만한 산화를 통하여 어릴 때의 거친 맛이 점점 부드러워 진다. 숙성 기간 중 색상을 좋게 하기 위하여 캐러멜을 첨가하기도 한다. 15~20년을 숙성하면 fuller, fattier character를 가지게 되고 알코올과 향은 좀 약해진다. 40~50년 숙성하면 오크통은 더 이상의 숙성 효과는 없고 산화로 인해 맛은 나빠진다. 꼬냑을 숙성하는 방을 파라디Paradis라고 부른다. 필요한 숙성 기간이 끝나면 꼬냑을 블랜딩하게 되며 블랜딩에 따라서 등급이 달라진다.

• 꼬냑의 블랜딩

꼬냑의 등급은 그 숙성 기간에 따른 블랜딩에 의해 결정된다.

* Fine Champagne

Grande Champagne와 Petit Champagne 지방의 오드비를 블랜딩한 경우 이렇게 부르며 Grande Champagne를 50% 이상 사용해야 한다.

* Grande Champagne 혹은 Grande Fine Champagne

Grande Champagne 지방에서 생산된 오드비를 100% 사용해야 한다.

* Petite Champagne 혹은 Petite Fine Champagne

Petit Champagne 지방에서 생산된 오드비를 100% 사용해야 한다.

* Trois étoiles*** 혹은 V.S.(Very Superior)

블랜딩한 꼬냑 중 가장 짧은 숙성기간이 2.5년은 이상이 되어야 한다.

* V.S.O.P.(Very Superior Old Pale), VO, Réserve

블랜딩한 꼬냑 중에서 가장 짧은 숙성기간이 4.5년 이상이 되어야 한다.

* Napoleon, X.O. / Extra, Hors d'Age

블랜딩한 꼬냑 중에서 가장 짧은 숙성기간이 6.5년 이상 되어야 한다.

③ 꼬냑 맛보는 법

• 꼬냑 잔Glass

너무 깊거나 얕은 잔은 피해야 한다. 잔은 충분한 양의 꼬냑을 담을 수 있도록 커야 하고 잔의 윗부분이 좀 좁은 것은 향을 모아 주는 기능을 한다. 잔은 가능한 한 세제를 사용하여 씻지 말아야 한다. 꼬냑을 따르기 직전에 소량의 꼬냑으로 잔을 헹구는 것도 좋은 방법이다.

• 맛보는 요령

잔의 1/3 혹은 1/4 정도를 채우고 손바닥으로 감싸 쥐어서 꼬냑의 온도가 올라가도록 한다. 불에 데우거나 더운물을 넣는 것은 좋지 않다. 꼬냑의 황갈색 색상을 보고 숙성기간을 추측하는 것은 오류를 범할 수 있다. 코로 냄새를 맡을 경우 적당한 온도가 되어야 하며 꼬냑에는 복합적인 향이 있다. 꼬냑의 향에는 포도 향과 오크통 향과 산화한 향 등이 있다. 입으로 맛을 볼 때는 소량을 입에 담고 입안 전체의 맛을 음미한다. 특히 혀와 입 안쪽에서의 느낌을 음미한다. 마신 뒤에 향과 맛이 오래 남는 것이 좋은 것이다.

④ 보관 요령

꼬냑은 와인과 다르게 일단 병에 담은 뒤에는 더 이상 품질이 좋아지지 않는다. 따라서 꼬냑은 눕혀서 보관할 필요가 없다. 코르크의 향이 들어가지 않게 세워서 보관해야 한다. 오래된 꼬냑은 온도가 낮을 경우 약간 혼탁이 올 수 있다. 따라서 꼬냑은 상온에서 보관해야 한다.

⑤ 유명한 꼬냑 생산회사

Camus, Courvoisier, Jas. Hennessy, J & F Martell, Rémy Martin 등과 Alexandre Leopold, A.E Dor, Albert Robin, Gautier, Thomas Hine(Hine), Jean Fillioux, Larsen, Maison J.R. Brillet, Normandin Mercier, Jean Philippon, Paul Giraud, Maison Prunier 등이 있다.

⑥ 꼬냑의 서빙

- 쟁반에 큰 접시를 얹어 와서 손님 테이블에 갖다 놓은 다음
- 테이블 위의 냅킨 위에 꼬냑 잔을 갖다 두고 그 옆에 작은 접시를 둔다. 꼬냑 병을 들고 와서 손님에게 상표를 보여준다.
- 꼬냑 뚜껑을 열어서 잔을 흰 냅킨 위에 눕혀 놓고 왼손으로는 잔 받침을 잡고 오른손에는 꼬냑 병을 잡고 잔에 꼬냑을 따른 뒤 잔을 눕힌 상태에서 컬러를 본다.
- 정상일 때 잔을 세워서 꼬냑을 잔에 약 4cm 정도 채워서 이 잔을 작은 접시 위에 놓고 이것을 손님 앞에 있는 큰 접시 위에 놓는다.

3) 아르마냑(Armagnac)

아르마냑은 보르도 남쪽에서 생산되는 오드비이며 꼬냑과 비슷한 포도 품종을 사용하고 비슷한 방법으로 오드비를 만든다. 아르마냑을 생산하는 곳은 3개 지역이 있다.

- Bas Armagnac: 모래가 많은 토질 등으로 고급 아르마냑을 생산하고 있다.
- Armagnac Ténaréze: 석회 점토의 토질 등으로 좀 강한 아르마냑을 생산하고 있다.
- Haut Armagnac: 다양한 토질에서 좋은 품질의 아르마냑을 생산하나 앞의 두 지역보다는 좀 떨어진다.

사용되고 있는 품종은 Ugni Blanc, Folle Blanche, Colombard를 주품종으로 Blanc Dame, Graisse, Jourançon blanc, Mauzac, Mauzac rosé, Meslier Saint-François, Baco 22A 등 11종의 다른 포도 품종을 사용하고 있다.

① 증류(Distillation)

꼬냑과 비슷하게 증류하나 이곳에서는 두 가지 방법을 사용하고 있다. 즉 증류 탑을 사용한 Alambic-Armagnacais를 사용하는 법과 꼬냑 지방에서 사용하는 이중 증류식의 Alambic Charentais á repasse 방법을 사용하고 있다.

증류탑을 이용하여 와인의 열 교환이 칼럼에서 이루어진다. 증류를 통하여 알코올 52~72도의 오드비를 얻는다. 법적으로 모든 증류를 거쳐 다음 해 4월 30일까지 완료해야 한다.

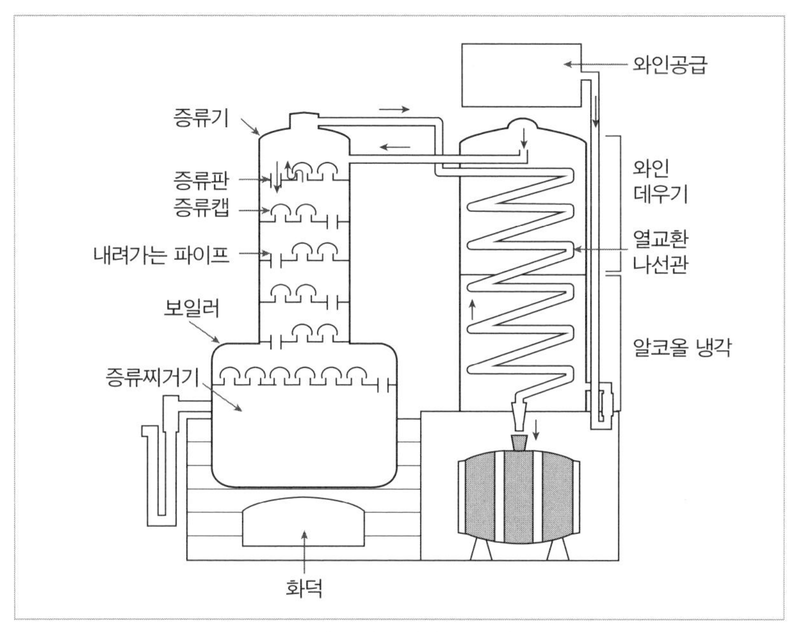

그림 4 아르마냑 증류법

② 숙성

12℃ 정도의 저장실에서 숙성한다. 400리터 오크통에서 숙성하며 숙성 시에 약 2%의 아르마냑이 휘발하여 손실된다.

③ 블랜딩

어린 아르마냑은 4년 이하, 오래된 아르마냑은 4~15년, 아주 오래된 아르마 냑은 15년 이상 숙성된 것을 말하나 아르마냑도 꼬냑과 마찬가지로 등급은 블랜딩에 따라서 결정된다. 꼬냑과 마찬가지로 가장 어린 꼬냑의 숙성 기간에 따라 3star는 2년 숙성, V.O.와 V.S.O.P.는 최소한 5년 이상 숙성 그리고 Extra, Napoleon, X.O., Vieillie Réserve는 최소한 6년 숙성, Hors d'Age는 적어도 6년 숙성해야 한다.

④ **유명한 아르마냑 생산회사는**

Vasconia(Baron de Castelneau), Sarl Chabot(Chabot), Château de Laubade, Clos des Ducs, Château de Lacquy, Delord, Ducasteing, Francis Darroze, Henri Quatre, Marquis de Caussade, Marcel Trépout, Samalens, Adex(Sigognac) 등이 있다.

4) 기타 과실주의 증류주

① **마끄**Marc**와 그라빠**Grappe

프랑스에서 포도를 압착하고 난 뒤에 버리는 포도 껍질에 남은 약간의 과육을 회수하여 이를 발효시키면 소량의 알코올이 나오는데 이를 다시 증류해서 만든 알코올 약 40도의 브랜디를 마끄라 하며 이를 오크통에 숙성하여 판매하는데 생산회사로는 Pasquier, Jean Goyard, Duclaux 등이 있다. 이탈리아에서도 이렇게 브랜디를 만드는데 그라파라고 하며 생산 회사로는 Gaja, Berta, Bottega, Altesino, Nonino, Fantinel 등이 있다.

② **브랜디**

프랑스 이외의 다른 나라에서 생산되는 와인을 증류한 술은 꼬냑 등으로 부르지 않고 브랜디Brandy라고 부른다.

③ **칼바도스**Calvados

칼바도스는 사과나 배로 만든 오드비이다. 프랑스 노르망디 지역에서 생산되며 사과나 배의 주스를 발효하고 난 뒤에 이를 꼬냑 지방에서와 같이 증류해서 숙성한 후에 블랜딩하여 병에 담게 된다. 블랜딩하는 오드비의 숙성 연도에 따라서 다음과 같이 표시한다.

***(3star), 혹은 3 Pomme: 최소한 2년 이상 숙성
Vieux 혹은 Reserve: 최소한 3년 이상 숙성
V.O., V.S.O.P., Vieille réserve: 4년 이상 숙성
Extra, X.O., Napoleon, Hors-d'Age, Age inconnu: 6년 이상 숙성

유명한 생산회사로는 Calvados Boulard, Cidreries du Calvados, Adrien Camut, Chateau du Breuil, Christian Drouhin, Pierre Huet, Lelouvier 등이 있다.

5) 위스키(Whisky)

위스키는 곡류로 만든 것 중에서 세계적으로 가장 유명하고 1년에 30억 병 이상 판매되는 오드비이다. 위스키의 종류에는 Scotch, Irish, Bourbon, Rye 등이 있다. 유럽에서는 상관례상 미국과 아일랜드에서 생산된 것은 위스케Whiskey라고 부른다.

① 위스키의 역사

어원은 켈트어의 우식 베하(생명의 술)가 어스퀴보, 또 위스퀴보로 변했다가 어미가 탈락하여 위스키가 되었다. 증류주의 시작은 9세기 경 코르도바의 의사가 포도주를 증류하여 처음으로 증류주를 만들었고, 프랑스에서는 이 증류주를 오드비(Eau-de-Vie: 생명의 물)라고 불렀다. 위스키는 12세기 또는 그 이전에 영국에 전래되었고 스코틀랜드와 거의 동시대에 증류를 시작하였다.

초기에는 맥아를 사용한 알코올에 샤프란, 너트 맥, 기타 스파이시한 것과 설탕 등으로 만들어 주로 약용으로 사용되었다. 17세기에 들어와서 스

코틀랜드의 산악 지방에서 이탄을 사용하고 포트 스틸 증류기를 사용한 위스키가 만들어지게 되었다. 1826년 페이턴트 스틸이 발명되어 그레인 위스키가 제조되었고 19세기 중엽에 들어와서 저장년수가 다른 위스키의 블랜딩을 시작하였으며, 1960년대에 들어와서 몰트 위스키와 그레인 위스키를 블랜딩하여 만든 위스키를 수출하기 시작하였다. 미국의 위스케는 스코틀랜드의 이주자들이 켄터키 주의 버번에서 옥수수를 주원료로 위스케를 만들어서 밀매하기 시작하였는데 이것이 버번 위스케이며 옥수수를 51% 이상 사용한다. 테네시 주에서는 호밀을 51% 이상 사용한다. 캐나다에서는 라이Rye 위스키를 생산한다.

② 위스키의 종류

• 생산지에 따른 위스키의 종류

스코틀랜드 위스키, 아일랜드 위스케, 미국 위스케, 캐나다 위스키 등이 있다. 스코틀랜드의 유명한 위스키 산지는 다음과 같다.

* Highlands: 스코틀랜드 북쪽에 있는 지역으로 물이 좋고 피트가 풍부하여 좋은 몰트 위스키를 생산하고 있다.
* Lowland: 스코틀랜드 남부 지역으로 그레인 위스키의 주산지이다.
* Campbeltown: 서남쪽 아릴레이섬 아래 반도이며 부드러운 위스키를 생산하 고 있다.
* Island of Islay: 서남쪽 아일레이 섬 지방이며 피트향이 강한 독특한 몰트위 스키를 생산하고 있다.

• 원료에 따른 스카치 위스키의 종류

* Malt Scotch Whisky: 맥아로 맥주를 만든 후 증류해서 만든 위스키

* Grains Scotch Whisky: 보리 이외에 감자나 옥수수의 전분을 첨가 당화하여 만든 맥주를 증류해서 만든 위스키
* Blended Scotch Whisky: 위의 두 가지 위스키를 블랜딩하여 만든 위스키, 스카치 위스키의 약 95% 이상이 이 블랜디드 위스키이다.

• 증류 방법에 따라서 다음과 같이 구분한다.
* Pot Still Whisky: 단식 증류기로 만든 위스키
* Patent Still Whisky: 연속식 증류기로 증류한 위스키

③ 스카치 위스키의 제조

위스키는 맥주를 만든 후에 다시 증류해서 얻은 알코올을 물로 도수를 조절하여 오크통에 담아서 숙성하여 만든다.

• 몰트 위스키의 양조

맥주와 조금은 다른 방법으로 위스키용 맥주를 만든다.

〈몰트 위스키의 제조 공정〉

* 맥주를 만들 때와 같이 맥아를 만드나 맥아의 뿌리를 조금 짧게 만들고 맥아 건조 시에 이탄(Peat)의 연기를 통과시켜서 스모크한 향을 가지도록 한다.
* 맥아즙 제조공정: 맥아를 분쇄하여 물을 첨가하고 이것을 가열하면 당화되어 맥즙이 되는데 이때에 홉스를 넣지 않고 맥즙을 만든다.
* 발효 공정: 뜨거운 맥즙을 냉각하여 효모를 첨가하여 발효하며 발효온도를 약 30℃ 정도로 고온을 유지하여 빨리 발효를 끝낸다.
* 증류 공정: 발효가 끝난 맥주를 숙성 과정 없이 바로 단식증류기로 증

류하여 알코올이 18~22도 정도가 되게 하고, 다시 여러 번 증류하여 알코올이 60~63도 정도로 한다.

* 숙성 공정: 이 알코올을 오크통에 담아서 3년 이상 숙성시키면 나무의 색상, 향, 맛이 침출되며 이 위스키의 알코올을 조절하여 40~43도 정도의 알코올을 갖추도록 한다. 병입하여 판매한다.

• 그레인 위스키

옥수수와 맥아를 분쇄하고 당화하여 맥즙을 만들고 이를 발효하여 만든 술을 연속식으로 증류하여 얻은 알코올을 오크통에서 숙성한 후에 병에 담는다.

• 블랜디드 위스키

몰트위스키와 그레인위스키를 블랜딩하여 만든다.

④ 유명한 스카치 위스키 회사 및 브랜드

• Malt Scotch Whisky: Glenfiddich, Glenkinchie, Glenfaclas, Glenmorangie, Macallan, Glenlivert, Springbank, Ardbeg, Morrison Bowmore(Bowmore), Balvenie,

• Grain Whisky: Cameron Bridge, Invergordon

• Blended Whisky: George Ballantine(Ballantine), Ben Nevis, Chivas Brother's(Chivas Regal), Berry Bros & Budd(Cutty Sark), Findlater Mackie Todd(Findlater), Hedges & Buttler, Inverhouse, John Walker(Johnnie Walker), Douglas Laing(King of Scots)

⑤ 아이리시 위스케Irish Whiskey

아이리시 위스케는 맥아를 만들어 발효하고 이를 단식 증류기로 3회 증류하여 숙성하여 주로 국내에서 판매된다. 또 주로 옥수수를 발효하여 연속식으로 증류하여 숙성한 위스케가 있으며 1974년부터 맥아와 옥수수로 만든 위스케를 혼합하여 만든 위스케는 주로 수출하고 있다. Bushmils, Jameson, OLd Bushmills(Bushmill), Midleton, Power 등이 있다.

⑥ 아메리칸 위스케American Whiskey

아메리칸 위스케의 역사는 1600년대 동부 지방에서 시작되었다. 이후 켄터키 주 등에서 옥수수를 사용하고, 나무통에 숙성한 새로운 위스케가 Bourbon 지방에서 만들어졌다. 1932년 금주령 폐지와 더불어 단식 증류기 대신 연속식 증류기를 사용하여 대량으로 위스케를 생산하게 되었다.

1934년에 제정되고 1948년에 개정된 법률에 따라서 Bottled in Bond 제를 실시하고 있다. 아메리칸 위스케는 Straight Whiskey와 Blended Whiskey로 구분된다.

- Straight Whiskey
  - * Kentucky Straight Bourbon Whiskey: 옥수수를 51~80% 사용하고, 단일 원액을 사용, 40~80도로 증류하며 New Charred Oak Cask에서 2년 이상 숙성한다.
  - * Tennessee Whiskey: 버번과 비슷한 방법으로 테네시에서 생산된다. 독특한 Charcoal Mellowing 여과 방법으로 특이한 향이 있다.
  - * Straight Rye Whiskey: 호밀을 51% 이상 사용하며 New Charred Oak Cask에 2년 이상 숙성한다.

* Straight Corn Whiskey: 옥수수를 80% 이상 사용하고 Used Oak 통을 사용한다.

• Blended Straight Whiskey

* Kentucky A-Blend Whiskey: 켄터키에서 생산된 두 가지 이상의 스트레이트 위스키를 블랜딩하여 만든 위스케이다.
* A-Blened of Straight Whiskey: 두 가지 이상의 스트레이트 위스키를 혼합한 것.
* Blended Whiskey: 알코올 50도 이상의 스트레이트 위스키 20% 이상에 주정을 혼합한 것.

• Bottled in Bond Whiskey

정부에서 품질을 보증하는 것은 아니나 정부 감독하에 보세창고에서 병입한다. 옥수수를 51% 이상 사용하고, 단일 원액을 사용, 80도 이하로 증류, New Charred Oak Cask에서 4년 이상 숙성, 알코올 50도 이하로 병입한다.

• 유명 위스케 브랜드

* Bourbon Whiskey: Early Times, Evan William, I.W. Harper, Jim Beam, Wild Turkey, Heaven Hill, Meadowlawn(Virgin), Very Old St. Nick
* Corn Whiskey: Platte Valley
* Tennesses Whiskey: Jack Daniel, George Dickel
* Blended Whiskey: Seagram′s 7 Crown

⑦ 캐나다 위스키Canadian Whisky

미국 독립전쟁 후 번성하였으며 특히 1850년 씨그램 사와 하이램 우커 사가 등장하면서 본격적으로 산업화되었다.

- 위스키의 분류는 원주에 따라서 다음과 같이 분류한다.
  Rye Whisky: 호밀을 51% 이상 사용하며 3년 이상 숙성한다.
  Corn Whisky: 옥수수를 사용하며 3년 이상 사용한다.
- 제품으로는 다음과 같이 구분한다.
  Rye와 Corn 위스키를 블랜딩하여 캐나디안 위스키가 된다.
  라이를 50% 이상 사용한 위스키를 라이 위스키라고 한다.
- 유명 브랜드
  Canadian Club, Crown Royal, Black Velvet, Seagram's V.O. 등.

⑧ 위스키의 서빙

- 손님 테이블에 물병과 얼음통과 얼음용 스푼을 갖다 둔다.
- 손님에게 위스키 병을 보여주고 설명하고 손님이 OK 하면 다음 작업을 한다.
- 잔에 얼음 조각을 넣고 잔을 돌려서 잔을 식힌 후에 얼음을 비운다.
- 잔을 눕혀 놓고 위스키를 소량 따른 다음 컬러를 보고 이상이 없으면 얼음 접시 위에 잔을 돌려서 식힌 후에 작은 접시 위에 얹어서 맛보는 사람에게 갖다 놓는다.
- 큰 접시 위에 놓인 다른 손님들의 위스키 잔에도 위스키를 높이 4cm 정도가 차도록 따라 준다.
- 위스키 서빙을 마치면 병을 손님 테이블 위에 두고 나온다.

6) 기타 오드비

① 럼 Rhum

17세기 서인도 제도의 발바도스 섬에서 생산된 것으로 알려진 럼은 오드비의 하나로 세계적으로도 유명하다. 럼은 레스토랑에서 요리를 태우거나 소스 등에 사용하고 또 펀치와 칵테일을 만드는 데 사용되기도 하나 꼬냑이나 아르마냑과 같이 혹은 단독으로 마시기도 한다.

럼을 마실 때는 과자나 케이크를 같이 먹어도 좋다. 프랑스에서 생산되는 여러 가지 럼 중에서 Rhum Agricole de Martinique만이 1996년부터 A.O.C.이다. 럼은 사탕수수로 만들어지는데 두 가지 타입이 있으며 각각 몇 가지 특징 있는 제품들이 있다.

• 농장(혹은 증류 공장)에서 만드는 럼

순수한 사탕수수 즙을 발효 후 바로 증류하여 만드는 법이다.

* 그라프 블랑쉬: 증류 공장 근처에서 많이 소비되고 있는 사탕수수의 맛이 나는 흰색 럼이다.
* 숙성된 럼: 3년 이상 숙성한 흰색 럼이다.

• 공업용(당밀 공장)으로 생산되는 럼

제당 공장의 폐기물인 당밀을 발효하고 증류하여 만드는 럼

* 전통 럼: 캐러멜을 소량 넣어서 캐러멜 향도 나고 나무통에 보관해서 색상이 진하고 향이 진하며 투명한 럼이다.
* 향신 럼: 에스테르 향이 강하며 맛은 밋밋한 럼이다.
* 숙성된 럼: 사탕수수 즙으로 만든 럼보다 다른 맛과 향이 있다.
* 가벼운 럼: 일반적인 럼의 특징이 없고 컬러가 없으며 맛이 밋밋한 럼이다(바카르디 타입).

• 유명한 회사

J.Wray & Nephew(Appleton), Bacardi, Bristol Spirits(Bristol's), Cimex (Caribbean Club), The Rum Company(Coruba), Allied Domecq (Lemon Hart), Havana Club International(Havana Club), Saint James & Rhum Bally(J Bally), Bardinet(Negrita), Industria Ricorera Quezalteca(Ron Botran), Ronrico Rum(Ron Rico), Trois Riviéres 등이 있다.

• 럼의 서빙은 보드카의 서빙을 참조하기 바란다.

② **보드카**Vodka

보드카는 14세기에 소련과 폴란드 등 추운나라에서 처음으로 생산된 오드비이나 전 세계적으로 소비되는 유명한 술이다. 보드카는 주로 곡류나 감자 등을 원료로 당화과정과 발효과정을 거친 다음 증류하여 만든다.

고급 보드카는 곡류로 만들어지나 특히 밀, 호밀, 보리 등으로 만든다. 잘 어울리는 요리는 캐비어, 훈제 연어와 소금 절인 청어 등이다. 보드카는 대체로 칵테일로 많이 사용된다.

유명한 보드카 회사는 Primalco(Finlandia), Danzka, Absolut, Ben Nevis(Wilkinson), SCV Grandes caves Carmel Stopka, W & A Gilbey (Gilbey's), Smirnoff, Polmos(Belbédere), Jean Beam(Wolfschmidt) 등이 있다.

보드카의 서빙은 다음 순서를 따른다(손님의 테이블이 복잡하면 보조 테이블을 활용한다).

• 손님에게 병의 상표를 보여 준다.

• 잔에 얼음을 넣고 계속 돌려주어서 잔을 냉각시킨 후 얼음을 제거한다.
• 병뚜껑을 열고 왼손에 눕힌 잔을 잡고 오른손에 병을 잡고 꼬냑과 같이 따른다.
• 작은 접시에 잔을 받쳐 들고 손님의 오른 편으로 가서 보드카 잔이 놓인 작은 접시를 큰 접시 위에 놓고 나온다.

③ 진Gin

1660년 네덜란드 라이덴 대학 의대 교수인 프란시스쿠스 실비우스에 의해 약용으로 만들어졌다. 이것이 술로 사용된 것은 네덜란드의 선원들이 사용하면서 제네버로 불렀다. 17세기 말에 영국에 전파되면서 진으로 부르게 되었고 미국에 전파되면서 칵테일로 많이 사용되었다.

진은 대맥, 호밀, 옥수수 등으로 만들어진다. 진에는 홀랜드 진과 런던 드라이 진, 아메리컨 진, 올드 톰 진, 프레버 진 등이 있다.

유명한 브랜드는 James Bourough(Beefeater), W&A Gilbey(GIlbey), Bloomsbbury, Cork, Alexander Gordon(Gordon's London Dry Gin), Ben Nevis Distillery(Wilkinson), Coates(Pltmouth), Old Chelsea, Bombay Sprits(Bombay), Russel(Boodles), Bols(홀랜드) 등이 있다.

④ 테킬라Tequila

멕시코가 원산지로 토착인들이 만들었으나 16세기 스페인의 증류 기술이 도입되어 용설란으로 테킬라가 생산되었다. 양조 방법은 8년 이상된 용설란의 일종인 아가베agave의 밑둥을 잘라서 분쇄 - 압착 - 발효하고 이를 증류하여서 단기 숙성하여 제품화한다.

• 테킬라 블랑코: 알코올 55도로 숙성되지 않은 백색 테킬라
• 테킬라 레포사도: 오크통에서 2개월~1년을 숙성하여 약간 황색을 띠고 있다.
• 테킬라 아네호: 오크통에서 1년 이상 숙성하여 호박색을 띤다.

유명한 회사는 Herradura, Cuervo, Seagram(Mariachi), Desteleria La Alteña(El Tesoro), Sauza, Orendain 등이 있다.

⑤ 아쿠아비트 Aquavit

15세기 북유럽에서 감자 등으로 만든 증류주이며 라틴어로 AquaVitae(생명의 물)가 변하여서 아쿠아비트가 되었다. 노르웨이에서는 Aquavité, 덴마크에서는 Akvavité라고 부르며 스웨덴에서는 두 가지가 혼용되고 있다.

• 양조 방법은 다음과 같다.
  양조 방법은 감자를 당화 - 발효 - 증류 - 향 첨가
  보리 맥아를 당화 - 발효 - 증류 - 향 첨가 등의 방법으로 만든다.

유명한 회사는 Herm. G. Dethleffsen(Bommerlunder), Danisco(Aalborg), V&S Vin & Sprit(Svart-Vinbars, Skane, O.P. Anderson) 등이 있다.

⑥ 리큐르 Liqueur

양조주와 증류주에 초근, 목피 등의 향초를 혼합하고 착색과 감미를 추가한 술이며 특별한 향, 색, 맛이 나며 알코올은 대체로 20~50도 정도의 혼성 주류이다. 액체의 보석이라고 일컬어지고 있다. 중세 연금술사들이 개발한 이 양조법은 수도원 등에서 더 발전되어 왔다. 리큐르는 크게 세 가

지로 구분한다.

- 선택한 과일을 선별하고, 줄기와 씨를 분리하고, 알코올에 수개월 담기서 향 등을 우려내는 등 과일에서 직접 침출한다.
- 식물의 과일, 껍질, 기타 식물의 일부분을 알코올이 든 증류기에 넣고 증류하여 Esprits(정기) 혹은 Alcoolats(알코올 추출물)을 얻는 증류법
- 따로 에센스를 구입하여 주입하는 에센스법이 있다.

  리큐르 제조법은 증류법, 침출법, 에센스법 등이 사용되며 이들이 혼합되어 사용되기도 한다.
- 사용하는 원료는 Herbs&Spices, Fruits, Nutts, Beans, Kernnel, Specialities가 있다.

- 유명 브랜드는 다음과 같다.

  * Herbs & Spicies: Pastis, Chartreuse, Verveine Velay, Bénedictine, Martini, Galliano, Oldesloer

  * Fruits

    오렌지 - Grand Manier, Parizot, Curac,ao, Cointreau, Napoleon

    버찌 - Manier, Marie Brizard, Bardinet, Morlacco, Specht

    살구 - Bardinet, Marie Brizard, De Kuyper, Parizot

    배 - William, Camel William

    복숭아 - Vedrenne, Cardinal, Parizot

    까시스 - Cadette, Vedrenne, Lejay, L'Heritier, Bols

    산딸기 - Cusenier, Cadette, Campari, Marie Brizard, de Cuyper

  * Nuits, Beans, Kernel: Vaccari, Saschira, Pellegrino, Marie Brizard, Bols

* Specialties: Greizer, Specht, Pigalle, Bailey's

- 리큐르의 서빙
  * 리큐르 병을 들고 가서 손님에게 설명을 하고 OK 하면 다음을 진행한다.
  * 잔에 얼음 조각을 넣고 돌려서 냉각시킨다.
  * 잔에 리큐르를 바로 따른다.(잔이 세워진 상태에서).
  * 손님 테이블의 큰 접시 위에 있는 작은 접시를 치우고 잔을 작은 접시 위에 얹어서 손님의 큰 접시 위에 놓는다.

⑦ 칵테일

단일 주류를 마시는 것이 아니고 여러 가지의 주류를 섞거나 주류 이외의 다른 음료 등 부 재료를 혼합하여 만든 음료를 말한다.

칵테일은 맛에 따라서 Sweet Cocktail, Sour Cocktail, Dry Cocktail로 구분한다. 또한 용도에 따라서 Aperitif, Before Dinner Cocktail, After Dinner Cocktail 그리고 온도에 따라 Hot Drinks, Cold Drinks로 나뉜다.

- 형태에 따라서는 다음과 같이 구분된다.

  하이볼 - 하이볼 글라스에 리큐르 베이스에 청량음료를 혼합

  피즈 - 진, 리큐르 베이스에 설탕, 라임, 주스, 소다수를 혼합

  사워 - 증류수에 레몬주스를 넣은 것

  쿨러 - 와인, 설탕, 레몬 주스를 넣고 소다수로 채운다.

  펀치 - 큰 그릇에 과일, 주스, 술, 설탕, 물을 혼합하고 얼음을 띄운 것

  온드락 - 얼음 위에 술을 넣은 것

스트레이트 업 - 술에 다른 것을 넣지 않고 마시는 것

에이드 - 과일 즙에 설탕, 물을 넣은 것

생가레 - 와인에 설탕, 레몬 주스 물을 혼합한 것

스노우 스타일 - 눈과 같은 분위기를 내기 위하여 소금, 설탕 등을 사용

에그 녹 - 계란과 우유를 사용하며 연말에 많이 마시는 칵테일이다.

플로트 - 술의 비중을 이용하여 섞이지 않게 한 것

크러스타 - 술에 레몬주스, 레몬이나 오렌지의 껍질을 넣은 것

쥴립 - 민트 줄기를 넣은 것

2. 비알코올성 음료

비알코올성 음료는 크게 기호성 음료, 청량 음료, 영양 음료로 구분하며 각각을 알아보겠다.

1) 기호성 음료

기호성 음료로는 커피와 차 등이 있다.

① 커피Café

■ 커피의 역사

커피나무는 오랜 역사를 가지고 있으나 커피를 처음으로 음용한 것은 에티오피아로 알려져 있다. 에티오피아에서는 오래전에 농부들이 커피 열매를 죽처럼 끓여서 먹고 약으로도 먹다가 나중에 원두를 볶아서 마시게 되었다. 12세기경 이 커피가 예멘으로 전래되어 커피나무가 식재되었으며 이것이 최초로 재배된 커피의 원조로 알려져 있다.

17세기에는 유럽에 소개되었고 18세기에는 남미 등의 지역으로 전래되었다. 커피는 중남미, 아프리카, 아시아 등에서 생산되고 있는데 전 세계의 커피의 연간 생산량은 900만 톤 이상이며 생산 국가는 예멘, 에티오피아, 브라질, 자메이카, 케냐, 코스타리카, 콜롬비아, 하와이, 인도, 과테말라, 베트남 등이며 브라질이 300만 톤을 생산하여 세계에서 가장 커피 생산량이 많다.

■ 커피의 재배

커피나무는 열대 지방에서만 자라고 있으며 아라비카(80%)와 로부스타(20%) 2종이 있다. 야생의 커피나무는 10여 미터 높이로 자라나 재배하는 나무는 3미터까지 크도록 한다. 수확량에는 강수량이 중요하다. 해발 800~2,000미터에서 좋은 커피가 생산된다. 커피의 꽃은 흰색으로 자스민향, 딸기향이 나고 커피 열매에는 2개의 큰씨가 들어 있다. 커피나무는 5℃ 이하의 추위에 약하고 30℃ 이상의 열에도 약하다.

커피나무는 약 70종이 있는데 4~6년 뒤부터 한 나무에서 700~800g을 수확한다. 커피나무는 연중 꽃이 피며 비온 후 약 1주일 후에 꽃이 피는데 꽃 핀 후에 아라비카는 6~8개월, 로부스타는 9~11개월 숙성하고 난 후에 수확한다.

커피용 재배 나무는 아라비카와 로부스타로 구분하는데 아라비카는 브라질, 콜롬비아, 멕시코, 과테말라 등 남미 국가와 에티오피아, 탄자니아, 케냐, 르완다, 인도 등에서 재배되고 있으며 병충해에 약할 뿐 아니라 기온이 30℃ 이상으로 올라가면 불과 며칠 사이에 해를 입는다. 일반적으로 해발 900~2,000미터 이상의 고지대의 무기질이 많은 토양에서 잘 자란다.

로부스타 종에 비하여 단맛, 신맛, 감칠맛과 향이 뛰어나 비싸게 거래되며 전체 커피의 65%를 차지하고 있다.

로부스타의 원산지는 콩고이며 어려운 환경에서도 잘 자라는 강인한 품종이다. 아프리카, 인도, 인도네시아, 브라질 일부 지역에서 생산되며 쓴맛이 강하고 향이 좀 떨어져서 가격이 좀 낮게 거래되며 다른 것과 배합하거나 혹은 인스턴트 커피로 사용된다.

■ 커피의 수확

커피는 나무를 심은지 약 4~6년 후면 수확이 가능하며 15년 정도 수확할 수 있다. 고급 아라비카는 손으로 익은 열매를 수확하나 저급 아라비카와 로부스타는 기계로 수확하므로 작업은 용이하나 제대로 안 익은 것 등이 섞이게 된다.

커피의 수확 방법은 picking(줍는 방법)와 Stripping(벗기는 방법)의 방법이 있다.

* Picking 방법: 커피 열매가 초기에 초록색에서 익어감에 따라서 노랑색 다음은 적색으로 변한다.

  나무에서 더 익게 되면 갈색으로 변했다가 나무에서 떨어진다. 이렇게 떨어진 열매를 줍는 방법으로 과거에 사용하던 방법이다. 오늘날에는 습식 과정으로 원두를 가공할 수 없을 정도로 물이 충분하지 않은 기간에는 picking을 한다. 주운 커피는 잘 익은 열매를 선별해서 손으로 줍는 것이므로 비용이 많이 든다.
* Stripping 방법: 이 방법은 수확 시기를 정해서 모든 커피콩을 한꺼번에 수확하는 방법이다. 작업자 한 사람이 하루에 50~100kg의 커피 열매를 딸 수 있다.

  이렇게 수확한 커피 열매에서 커피콩을 얻기 위하여 껍질 등을 제거하는 것을 박피정제 과정이라고 한다.

■ 커피의 가공

커피의 가공은 원두의 제조와 가공으로 구분된다.

- 원두의 제조

  수확한 커피 열매에서 박피와 정제하여 씨를 분리하는 과정으로 두 가지 방법이 있다.

  - 습식법: 비가 많이 와서 건식으로 할 수 없을 때에 사용하는 방법이다. 브라질을 제외한 중남미 국가와 에티오피아를 제외한 아프리카 국가들 중에서 아라비카 커피를 만들 때에 많이 사용하는 방법이다. 사용할 물이 풍부한 지역에서 가능한 방법으로 수확된 잘 익은 열매를 선별, 검사하여 과육 제거기로 껍질을 제거하고 미끈미끈한 점액은 60~80시간 동안 열매를 물속에서 발효시켜 점액질을 제거하고 세척하여 1~3주 동안 건조한 후 기계로 얇은 섬유막인 파치먼트를 제거한다. 이 습식법으로 질이 좋은 세척 커피를 얻을 수 있으나 건식법에 비하여 시간이 경과하면 품질이 떨어지기 쉽다.
  - 건식법: 물이 많지 않은 건조 지역에서 사용하는 방법으로 열매가 나무 가지에서 검게 될 때까지 말렸다가 수확하여 건조한 열매의 외피를 기계를 이용하여 껍질을 벗겨내는데 이 자연 건조 커피는 품질이 균일하지 못하다. 대표적인 커피는 브라질 커피와 에티오피아 일부 커피이다. 로부스타 커피도 대부분 건식으로 한다. 습식 커피에 비해서 이물질 등이 혼입될 가능성은 있으나 커피 본래의 향이 살아 있는 커피를 얻을 수 있다.
  - 습식과 건식 원두를 구별하는 방법: 커피를 볶어낸 다음 커피 콩의 가

운데 선이 희면 습식법이고 다른 부분과 같이 갈색이면 건식법이다.

■ 원두의 가공

소비하는 나라로 운반된 커피원두는 원두 가공업체에서 가공된다. 원두는 녹색이고 풋내가 나며 이를 잘 볶아야 좋은 맛과 향이 나오게 된다. 볶는 작업을 로스팅이라 하며 로스팅하는 회사는 제품의 특성에 맞도록 여러 나라의 커피 원두를 적당한 비율로 배합을 하여 사용한다.

대체로 200~230℃로 보통 30분 이내로 볶게 되며 이 작업이 끝나면 원두는 수분 증발로 무게가 15~20% 감소하나 내부 가스가 팽창하면서 부피는 늘어나고 갈색을 띠게 된다. 강하게 볶으면 커피는 쓴맛이 많이 나고 너무 약하게 볶으면 신맛이 강한 커피가 된다. 용도에 따라서 볶는 정도가 결정된다. 특히 이탈리아는 거의 검은색, 프랑스는 아주 짙은 갈색, 유럽은 짙은 갈색 등의 커피를 선호한다.

원두의 로스팅은 볶은 정도에 따라서 라이트 로스트light roast, 미디엄 로스트medium roast, 다크 로스트dark roast, 에스프레소 로스트espresso roast로 구분하며 강하게 볶을 수록 카페인 양이 줄어든다.

볶은 원두는 60kg 포대에 포장해서 수출된다. 원두를 가공하는 로스팅 회사는 대체로 다국적 기업들이 이 시장을 장악하고 있다. 그랑메르, 자크 바브로, 맥스웰을 생산하는 크라프트 야곱스 주카르트 회사는 필립 모리스 그룹의 자회사이고, 메종 드 까페 등을 생산하는 다우웨 에그버르츠 회사는 사라리 그룹 소속이다.

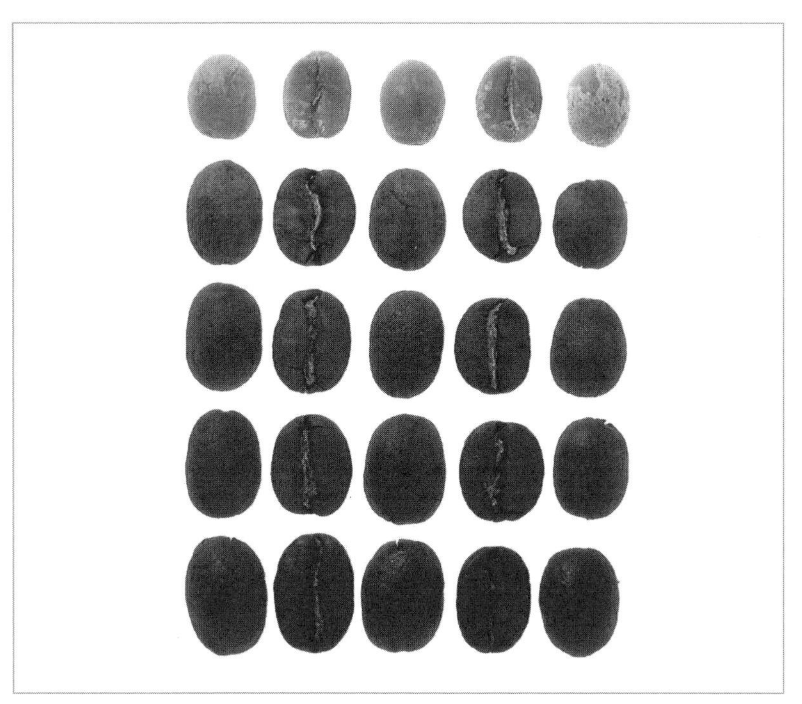

사진 16 커피의 볶은 정도: 커피를 볶으면 수분 증발로 무게는 감소하고 내부의 가스가 팽창하면서 부피는 증가한다. 맨위부터 원두, 라이트 로스트, 미디엄 로스트, 다크 로스트, 에스프레소로 로스트로 배전한 원두

■ 원두의 분쇄

볶아서 포장된 원두를 구입해서 마시기 직전에 원두를 분쇄하여 추출하는데 분쇄는 맷돌로 갈아주어야 제맛이 난다. 분쇄한 커피는 오래 두면 산화하여 맛이 떨어지므로 커피 추출 직전에 분쇄해야 한다. 원두를 분쇄할 때 너무 곱게 분쇄하면 커피의 풍미가 쉽게 나오나 쓴맛이나 떫은맛이 강해질 수 있다. 굵게 간 커피로 비슷한 맛을 내려면 커피의 양을 늘리거나 추출 시간을 늘려야 한다. 중간 굵기로 분쇄하는 것이 가장 널리 사용되는 크기이다.

■ 커피의 추출

분쇄된 커피에 물을 첨가하여 커피의 성분을 추출하여 그 향과 맛을 즐기게 되는데 오래 물에 담가 두면 좋지 않은 성분인 카페인 등이 용해되므로 가능한 한 빨리 추출해야 하며 일반적으로 압력을 사용하여 추출한다. 즉 물이 분쇄된 원두를 빨리 통과하도록 압력을 준다.

커피의 맛에는 물도 크게 영향을 주므로 깨끗하고 찬물을 사용한다. 온수는 금속 성분이 녹아 있을 수 있어서 좋지 못하다. 수돗물은 찬물을 몇 초 동안 흘려 내보낸 후에 물을 받는 것이 좋으나 물맛이 좋지 않다면 생수를 사용하는 것이 좋다.

몇가지 커피 추출기구를 알아보면 다음과 같다.

* 드립퍼: 중간 굵기의 커피 가루를 필터에 넣고 뜨거운 물을 그 위에 부으면 순하고 숙성된 커피액이 추출된다. 비용이 많이 들지 않고 비교적 커피 맛도 좋다.
* 사이폰: 커피 맛이 깨끗하고 추출되는 과정이 아름다우나 시간이 많이 걸리고 번거롭기 때문에 잘 사용되 않는다. 애호가들이 사용하는 방법으로 아래쪽 플라스크에 물을 채우고 위쪽 플라스크에 필트를 끼우고 위 플라스크에 가늘게 간 커피 가루를 담는다. 아래 플라스크의 물을 끓이면 수증기가 위 플라스크로 올라가서 커피를 끓어 오르게 한다. 불을 끄면 커피 물이 아래 플라스크로 쏟아지고 이 커피를 마신다.
* 에스프레소 머신: 에스프레소 커피는 에스프레소 커피 머신을 사용하여 14기압의 높은 압력으로 짧은 시간에 추출하므로 커피 속의 지방 성분과 콜로이드 성분을 추출하여 향이 좋고 부드럽다. 작은 잔에 따라서 마신다.

몇 가지 커피 메뉴를 알아보면 다음과 같다.

* 카페오레: 우유가 들어 있으며 아침 식사용 커피이다. 스페인에서 '카페콘레체', 이탈리아에서 '카페라테'라고 부른다.
* 비엔나 커피: 다크 로스트 커피 위에 휘핑 크림을 얹어 부드럽고 우아한 커피
* 카푸치노: 에스프레소 커피와 우유 거품과 휘핑 크림과 톡 쏘는 계피향의 이탈리아식 커피이다.
* 아이리시 커피: 위스키가 들어간 커피로 뜨겁게 유리잔에 마신다.

■ 커피 생산국

* 예멘: 예멘의 해발 1,500~1,800미터의 고산지대에서 생산되는 최고급 커피를 모카라고 부른다. 모카 커피는 초콜릿 향이 나면서 톡 쏘는 맛이 중후한 맛이 있다.
* 에티오피아: 예멘보다는 약간 품질이 떨어지나 최고급 커피를 모카라고 부른다. 에티오피아의 모카에는 드지마, 레캠프티, 리무, 하라 등이 있다.
* 브라질: 전 세계 생산량의 30%를 차지하며 연간 120만 톤의 커피를 생산하여 세계 최대의 커피 생산국이며 대체로 해발 200~300미터에서 생산되고 있다. 대부분 아라비카종이며 최상급은 바이아, 산투스, 쉴 데 미나스 등이다.
* 자메이카: 블루 산맥의 해발 1,000~2,500미터의 고산지대에서 아라비카 커피를 재배하고 있고 세계 최고급 커피의 하나인 블루 마운틴을 생산하고 있다.
* 케냐: 해발 2,000미터의 고산지대에서 커피를 재배하고 있으며 세계

적으로 감미로운 커피를 생산하고 있으며 와인과 꽃향이 난다. 케냐의 최상급의 원두는 크기가 가장 큰 것으로 AA 등급으로 구분한다.

* 코스타리카: 해발 1,000~1,500미터의 고산지대에서 생산되는 최고급 상표는 SHB Strictly hard Bean 이다. 연간 약 18만 톤이 생산된다.
* 콜롬비아: 연간 100만 톤 이상을 생산하여 브라질에 이어서 세계 2위의 커피 생산국이다. 해발 1,000~2,000미터의 고산지대에서 생산되고 있으며 가장 굵은 크기의 원두를 최고급으로 보며 엑셀소Excelso 혹은 슈페리모 에스멜 라다Superimo Esmelada라고 한다.
* 미국: 하와이의 마우나 로아산의 해발 250~750미터의 산지인 코나에서 재배되고 있으며 최고급 원두를 코나라고 하며 약간 신맛, 톡 쏘는 맛, 와인 맛이 잘 배합된 코나는 엑스트라 팬시, 코나 팬시, 코나 프라임으로 구분된다.
* 인도: 인도의 고급 아라비카는 말라바Malabar, 미소르Mysore 등이 있다.
* 인도네시아: 인도네시아의 고급 아라비카는 수마트라Sumatra, 칼로시Kalossi 등이 있다.

■ 세계적인 브랜드

Starbucks, Costa Coffee, Dunkin Donuts, McCafe, Tim Horton's, Gloria Jeans, Nescafe, Folgers, Keurig, Maxwell House, Nespresso, Eight O'clock, Gevalia, Peets Coffee, Lavazza, Panera Bread, Coffee Bean & Tea Leaf, Canbou Coffee Company, Au Bon Pain, Caribou, Kopi Luwak, Green Mountain Roaster, Seattles

■ 커피의 서빙

* 에스프레소 커피 서빙(손님이 2분인 경우)

- 작은 탁자를 손님 테이블 앞에 놓는다. 그 위에 아래의 것을 놓는다. 쟁반 위에 커피잔 놓는 접시(2), 커피가 담긴 잔(2), 커피 스푼(2), 디저트 접시(2), 여러 가지 설탕 혹은 설탕 그릇
- 디저트 접시 위에 커피잔 놓는 접시에 커피잔과 커피 스푼을 놓는다.
- 손님의 오른쪽으로 가서 디저트 접시 위에 올려놓은 것을 각각 내려놓는다. 커피잔의 손잡이는 손님의 오른손 쪽으로 향하게 놓는다.
- 각설탕 혹은 대용 설탕을 건네주고 그 후 설탕 그릇을 식탁 가운데에 둔다.

* 커피 포트로 서빙(손님이 2분인 경우)

- 작은 탁자를 손님 테이블 앞에 놓고 다음의 것을 정돈한다. 쟁반 위에 커피잔 놓는 접시(2), 빈 커피 잔(2), 커피 스푼(2), 디저트 접시(2), 여러 가지 설탕 혹은 설탕 그릇, 디저트 접시 위의 커피 포트
- 디저트 접시 위에 커피잔 놓는 접시, 빈 커피잔과 커피 스푼을 놓는다.
- 손님의 오른쪽으로 가서 디저트 접시 위의 것을 각각 내려놓는다. 커피 잔의 손잡이는 손님의 오른손 쪽으로 향하게 놓는다.
- 각설탕 혹은 대용 설탕을 건네준 다음 설탕 통은 테이블 위에 둔다.
- 손님의 오른쪽으로 다가가서 커피 포트로 커피를 서빙한다. 서빙하는 동안 커피 포트가 디저트 접시 위에 항상 있도록 조심한다.

② 차(Tea)

■ **차의 역사**

차는 5,000년 역사를 가지고 있는 오래된 음료로서 알려져 있고 중국의 다성인 육우가 지은 《다경》에 의하면 BC 2700년 중국의 신농 시대에 이미 차를 마셨다는 기록이 있다. 또 하나의 설에 의하면 전국시대의 유명한 명의인 편작의 죽음 이후에 그의 무덤에서 솟아난 나무 잎에서 여러 가지 약효를 찾아 내고 또 처음으로 마시는 음료로도 활용하였다는 설이 있다.

또 다른 설은 6세기 초에 달마가 서역에서 당나라로 건너와 낙양에서 눈꺼풀을 잘라 땅에 묻었는데 여기에서 나무가 솟아 나와서 그 잎을 씹어 보니 머리가 맑아지고 잠이 달아나는 효과가 있어서 차를 마시게 되었다는 설이 있다. 동양에서 차의 전파는 당, 송시대에 승려들이 불교를 전하면서 차의 음용과 차 재배법도 함께 각국으로 전파하였고 우리나라에는 신라 선덕왕 때부터 차가 있었다고는 하나 흥덕왕 AD 828년 대렴이 당나라에서 차 종자를 가져와서 지리산에 심게 한 이후부터 사찰을 중심으로 전파되었다.

유럽에는 17세기 이후부터 전파되었으며 현재 세계 50여 개국에서 차가 생생산되고 있으나 주요 생산국인 40여 국가에서 연간 약 250만 톤이 생산되고 있다. 인도가 연간 75만 톤, 중국이 60만 톤, 스리랑카가 25만 톤을 생산하여 이 세 나라가 세계의 절반을 생산하고 있으며 그 외 케냐 20만 톤, 터키 13만 톤 기타 인도네시아, 방글라데시, 이란, 아르헨티나, 베트남 등에서도 생산하고 있다. 차나무는 카멜리아 시넨시스Camellia Sinensis이며 키가 2~3m 되는 관목과 30m가 넘는 교목이 있다. 한국에서 재배되는 차는 야생차와 재배차가 있으며 야생차는 828년 신라 사신 대렴이 당나라에서 가지고 와서 지리산에 심었다고 알려져 있다. 재배차는 중국의 소엽종을 개량한 일본산으로 1927년에 경남, 전남 등에 이식되었다.

■ 차의 재배와 수확

차는 더운 지방에서 자라며 표고가 높고 배수가 잘되는 곳에 있는 다원에서 차나무를 재배하며 양질의 차는 모두 손으로 수확한다. 어린싹과 맨 위에 있는 첫째 잎부터 고급으로 취급한다. 따라서 싹과 첫째 잎으로는 최고급, 다음으로는 싹과 둘째 잎, 셋째 잎으로는 그다음 등급으로 취급하며 다섯 번째 이하의 잎은 질이 떨어진다. 차의 수확은 시기에 따라서 작설, 우전, 세작, 중작과 대작으로 혹은 맏물차, 두물차, 세물차 등을 수확한다.

■ 차의 가공

차는 수확 즉시 가공해야 한다. 햇빛에 말리는 일쇄차와 인공으로 가열하는 차로 구분이 된다. 인공으로 가열하는 차는 발효 유무에 따라서 다음과 같이 구분한다.

- 불발효차(녹차): 전혀 발효가 일어나지 않은 차
- 발효차(홍차): 발효가 85% 이상 일어난 차
- 반 발효차(우롱차): 발효가 10~65% 정도 일어난 차
- 후발효 차(황차, 흑차) :발효가 전처리 공정 뒤에 일어나게 한 차

그러나 차의 발효는 다른 식품과 같이 미생물에 의한 발효가 아니고 적당한 온도와 습도 상태에서 차엽에 함유된 폴리페놀에 산화 효소가 작용하여 녹색이 황색이나 검은색으로 변하는 동시에 독특한 향, 맛, 수색이 나타나는 작용을 말한다. 차는 또 제조 공정에 따라서 덖음차와 증제차로 구분이 된다.

• 덖음 차의 제조 공정

1 차 제조 공정

생엽 저장 및 급엽 – 1, 2차 덖음 – 냉각 및 유념기
– 중유기 – 재건기/건조기

채엽: 4~5월 가지에 새잎이 나오기 시작하면 위로부터 어리고 고운 잎만 딴다.

덖음: 솥의 온도가 너무 높으면 차가 타고 너무 낮으면 발효로 붉은색을 띠므로 250℃ 정도의 적당한 온도에서 덖어준다.

유념: 찻잎의 세포를 적당히 파괴하여 잘 우려지게 하는 비비기 공정으로 찻잎의 상태에 따라서 압력과 시간을 적절히 조절한다.

건조: 은은한 녹차의 향과 부드러운 맛을 위하여 녹차를 80~90℃의 약한 불로 2~3시간 동안 볶아준다.

2차 제조 공정

건조기 – 체별 선별기 – 줄기 건조 및 블렌딩기 – 포장기

• 중제차의 제조공정 :

채엽 – 생엽저장 및 급엽 – 중열기 – 냉각기
– 조유기 – 유념기 – 증유기 – 정유기 – 건조

■ 차의 종류

• 녹차: 찻잎을 찌거나 덖어서 산화 효소를 파괴하고 찻잎의 발효를 방지하여 엽록소의 분해를 막고 녹색을 유지한다. 이 찻잎을 멍석에서 손으로 비벼서 말려 찻잎의 성분이 세포 밖으로 나와서 건조와 성분의 변화를 돕는다. 녹차는 주로 중국, 일본 한국 등에서 많이 생산되며 그 동류

로는 전차, 번차, 배차, 옥로차 등이 있다.

• 홍차: 차 잎을 광주리나 시렁 등에 담아서 시들게 한다. 무게가 절반 정도 줄었을 때 손으로 30분 가량 비틀어 후 발효시킨다. 발효하는 동안 산화 효소에 의하여 타닌이 산화 및 중합해서 특유의 맛과 빛깔을 가진다. 그 후 햇볕에 말리고 난 후 건조기로 말린다. 홍차를 가장 많이 생산하는 나라는 인도와 스리랑카 등이다.

• 우롱차: 부분 발효차의 하나이며 발효도는 65% 이다. 부분 발효가 끝나면 솥에서 덖든가 햇볕에 말려서 효소를 파괴한다.

■ **차의 선택 및 보관 등**

• 좋은 차의 선택 기준
  - 말린 잎이 가늘고 광택이 있으며 바싹 건조한 것
  - 묵은 잎이 적은것
  - 손으로 쥐었을 때 단단하고 묵직한 느낌이 있는 것

• 차의 보관
  - 고온 다습한 곳은 피한다.
  - 녹차는 냄새를 잘 흡착하므로 팩에 넣어서 냉동실에 보관하는 것이 좋다.

• 차의 성분: 차에는 타닌산, 카페인, 아미노산 등이 함유되어 있다. 타닌산은 12% 정도로 만물차에 가장 적고 두, 세물차에는 많다. 탄닌은 독특한 맛을 주고, 카페인은 이뇨작용과 피로회복 효과가 있다. 아미노산은 만물차에 많고 약간 단맛이 있다. 비타민 C는 녹차에는 많으나 홍차에는 파괴되고 없다.

■ 차 우려내기

물은 단물이 좋고 수돗물인 경우 끓여서 소독약 냄새가 나지 않은 것을 쓰는 것이 좋다. 고급 녹차는 카페인의 용출을 억제하고 감칠맛 나는 아미노산 성분이 잘 우려 나오도록 50~60℃가 적당하고 일반적으로 녹차는 고급 녹차에 비하여 좀 높은 온도인 70~80℃에서 떫은맛이 적게 우려 나오게 하는 것이 좋다. 차를 우려내는 시간은 1~2분, 중제차는 덖음차보다 약간 짧게 한다. 차와 물을 차그릇에 넣는 것을 투다라 하며 상투, 중투, 하투로 구분된다.

- 상투: 물을 넣고 그 위에 차를 넣는 것
- 중투: 물을 반쯤 넣고 차를 넣은 다음 물을 다시 채운다.
- 하투: 차를 먼저 넣고 나중에 물을 넣는다.

상투는 더운 여름에, 하투는 추운 겨울에, 중투은 봄가을에 적당하다.

■ 세계적인 차 Brand.

Twings, Celestial, Tazo, Harney & Sons, The Republic Tea, Dilmah, Lipton, Begelow, Yorkshire, Tetley,

■ 차의 서빙(손님이 2분인 경우)

• 손님 테이블 앞에 작은 테이블을 놓는다. 그 위에
  - 쟁반 위에 찻잔 놓는 접시(2), 빈 찻잔(2), 차 스푼(2)
  - 찻잔 놓는 접시 위에 다관(차 우리는 주전자)
  - 디저트 접시(2) - 설탕 혹은 설탕 그릇
  - 필요한 경우 시트롱 조각, 우유와 뜨거운 물 담은 그릇을 놓는다.
  - 차는 끓이는 시간을 손님이 결정하도록 한다.

• 손님의 오른쪽으로 다가가서 손님에게 디저트 접시에 놓인

- 찻잔 접시
- 찻잔
- 차 스푼을 내려놓는다.
- 설탕을 건네주고 그릇을 테이블 위에 놓는다.

• 손님과 가까운 쪽의 테이블 위에

- 다관(차 우리는 주전자)
- 차 봉투와 필요한 경우 더운 물 담은 그릇
- 필요한 경우 우유 그릇과 레몬 조각을 내려놓는다.

2) 청량 음료

청량 음료는 탄산 음료와 무탄산 음료로 구분하는데 탄산 음료에는 콜라, 사이다, 소다수 등이 있으며 이들은 정제된 물에 유리탄산, 유기산, 혹은 단맛을 함유하여 마실 때 청량감을 주는 음료이다. 무탄산 음료는 탄산가스가 없는 음료이다.

① 탄산 음료

탄산음료는 먹는 물에 식품 또는 식품 첨가물 등을 가하고 탄산가스를 주입한 사이다, 지하수를 정제한 것으로 천연적으로 탄산가스를 함유하고 있거나 먹는 물에 탄산가스를 주입한 음료를 말한다.

■ 탄산 음료의 제조 공정

제품의 종류에 따라서 차이가 있으나 일반적으로 다음과 같이 생산한다.

(콜라 원액, 설탕, 과당, 구연산 등을) 물에 용해 - 여과 - 살균(95℃, 15초간) - 냉각(20℃ 이하) - 향료 투입 후 - 정수 처리한 물에 적정량 혼합 - 냉각(5℃ 이하) - 탄산가스 주입 - 세척된 용기에 주입 - 밀봉 - 포장 - 출하 -

■ 콜라

콜라는 업소에서 많이 서빙되고 있고 특히 어린 아이들이 많이 찾고 있다. 최근 탄산 음료에 대한 사회적인 비평이 많이 제기되고 있지만 여전히 업장에서 많이 서브되는 주요한 음료이다.

콜라 중에서 코카콜라는 미국의 탄산음료 브랜드로 1886년 약제사였던 존 펨버튼 박사Dr.John Pemberton는 코카잎 추출물, 콜라나무 열매 그리고 시럽 등을 혼합하여 두뇌강장제(BrainTonic)를 개발했다. 코카콜라는 1893년에 개발된 펩시콜라와 더불어 미국 문화의 상징이자 탄산음료의 대명사가 되었다.

콜라는 250ml 한 캔에 탄수화물 27g, 나트륨 15mg, PH는 2.5~2.9, CO^2 압력은 $3kg/cm^2$ 정도이다.

• 콜라의 서빙: 콜라는 시원하게 고객이 마실 수 있도록 서빙되어야 하며 잔glass로 서빙할 경우에는 잔을 미리 냉각시키고, 얼음 조각을 담고, 디스펜서나 냉각된 병에서 콜라를 잔에 따르고 시트론 조각을 잔에 걸치게 하여서 서빙한다.

■ 사이다

무색한 탄산 음료이다. 유럽에서는 사과를 발효해서 만든 과일주를 말하며 알코올이 약 1~6도이다.

우리나라에서는 물과 구연산, 감미료, 과일에서 추출한 향과 탄산가스 등을 원료로 만든 음료이다. 당도는 8~13 Brix, PH는 2.7~3.3, 탄산 가스 압력은 3kg/cm^2 등이며 시원하게 마시는 음료이다.

■ 소다수

1907년 실리만이 처음으로 인공적으로 탄산가스를 혼합하여 만들었다. 현재는 정제, 살균한 물에 이산화탄소를 혼합하여 충전하고 마개를 막은 청량 음료를 말한다.

광천수 중 탄산가스를 함유한 것을 마시면 혀에 톡 쏘는 특유한 자극의 청량감을 주는 것을 모방하여 이산화탄소를 함유하는 물을 고안해낸 것이 시초이다. 이때 이산화탄소를 만드는 데 소다를 쓰기 때문에 소다수라고 한다. 소다수의 성분은 수분과 이산화탄소만으로 이루어졌으므로 영양가는 없으나, 이산화탄소의 자극이 청량감을 주고, 동시에 위장을 자극하여 식욕을 돋우는 효과가 있다. 8~10℃ 정도로 냉각하는 것이 이산화탄소도 잘 용해되고 입에 맞는다. 그대로 마시기도 하고, 시럽이나 과즙 또는 양주류를 타서 마신다.

- 이 외에도 진저엘, 토닉 워터, 칼린스 믹서, 스프라이트, 세븐 업 등이 있다.

② 무탄산 음료

무탄산 음료는 물, 광천수, 지하수 등으로 구분한다. 물은 다 같은 물이지만 어디에서 가져온 물이냐에 따라서 물의 특성이 달라지므로 이러한 구분을 하게 되는 것이다. 물의 중요성이 갈수록 증대되므로 조금 자세히 알아보도록 하겠다.

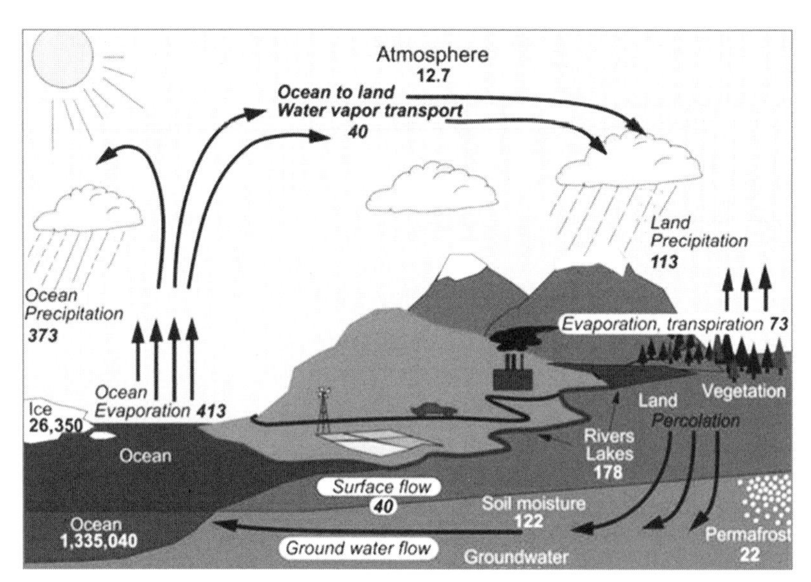

그림 5 물의 순환

■ 물

지구상에서 물은 바다와 호수와 강과 토양에 또 살아 있는 동식물 등 유기체에 의해서 증발해서 대기 중으로 올라가고 대기 중에서 응축되어서 구름을 만든다. 구름은 다시 비와 눈과 우박으로 바다와 육지에 떨어져 물을 보충한다.

땅에 떨어진 물은 대부분 강으로 흘러 바다에 들어가고 일부는 땅 속으로 스며들며 자연 상태의 물로는 바다의 해양수가 있고 호수와 저수지, 강의 지표수가 있고 땅속에 있는 지하수가 있다.

바다에서 연간 약 426,000km^{3}이 증발하고 육지에서 74,000km^{3}이 증발한다. 증발한 물은 비와 눈이 되어 떨어지는데 이 중에서 약 386,000km^{3}이 다시 바다에 떨어진다. 육지로 떨어지는 강수량은 114,000km^{3}으로 물은 꾸준히 다른 형태로 변하고 또 움직인다. 지면으로 떨어지는 물은 지표수로 흘러서 바다에 들어가고 또 땅 속으로 스며들었다가 바다로 흘러 들어가는 양이 40,000km^{3}이다.

그리고 대기 중에 구름이나 습도로 12,700km^{3}이 떠 있고 호수와 강에 178,000km^3 고여 있으며 동토에 22,000km^{3}이 존재한다. 또 토양에 수분으로 있는 것이 122,000km^{3}이다. 바다는 지구 표면의 70%를 차지하지만 지구상 물의 총량 1,400,000,000km^{3}의 97.2%인 1,350,000,000km^3 가 바다에 있고, 빙하와 만년설로 2.2%가 존재하며 육지에 물로 있는 것은 0.6%밖에 되지 않는다고 한다.

• 인간과 물

성인 체중의 약 60%가 물로 구성되어 있어서 체중이 70kg인 사람은 약 40리터가 물이다. 그러나 나이에 따라서 차이가 있으며 유아들은 체중의 75%가 물이고 노인들은 50%가 안 된다. 사람은 수분의 10%를 잃으면 생리 장애를 일으키고 20%를 잃으면 사망한다. 인체의 물은 육체와 조직을 이루는 세포 속에 2/3 들어 있고 1/3은 혈액과 림프 등의 액체로 존재한다. 물은 인체를 구성하는 역할 이외에 물은 영양소를 운반하고 노폐물을 제거하고 온도를 조절하는 중요한 역할을 한다.

인간은 하루에 물이 2~2.5리터를 마셔야 하며 안정적으로 물을 마시는 것은 살기 위해서 우리의 육체에 중요하다. 일반적으로 유럽인들은 매일 음료수로 1.5리터, 음식물에서 0.8리터, 인체에서 생성되는 0.2리터 등 총 2.5리터를 섭취하고 소변으로 1.5리터, 대변으로 0.1리터, 호흡과 땀으로 0.9리터 등 총 2.5리터를 배출한다.

한국인들은 음식에 수분이 많아서 식사로 1.5리터의 물을 섭취하므로 나머지 0.5~1.0리터를 음료수로 마셔야 한다. 육체적인 운동, 열, 더위로

다 많은 수분을 배출하게 되며 이때에는 더 많은 물을 흡수해야 한다.

각종 음식물에 들어 있는 물은 야채와 우유 제품 등 수분이 많은 식품은 80~90%, 수분이 보통인 생선, 육류, 달걀, 감자, 치즈, 전분 요리 등에는 50~80%, 수분이 적은 음식인 말린 과일과 야채, 지방, 빵, 사탕 등은 50% 미만, 식용유, 설탕 등은 물이 들어 있지 않은 식품들이다.

수분이 부족하게 되면 건강에 영향을 줄 수 있으며 특히 혈압이 낮아지고 신경 계통에 문제가 생길 수 있으므로 탈수가 되기 전에 충분한 수분을 흡수하는 것이 바람직하다.

세계 인구의 증가에 따라서 농업용, 공업용과 가정용 물의 수요가 증가하고 있다. 프랑스의 예를 보면 한 사람이 하루에 평균 200리터의 물이 필요하며 이 중에서 목욕 등으로 사용하는 물이 150리터이고 식수로 마시는 양은 1% 정도이며 수돗물, 샘물과 광천수 형태로 마시고 있다.

모두가 접근하기 쉬운 지표수의 중요성은 점점 증가하고 있다. 그러나 이 지표수인 강과 하천수들은 인간의 활동에 따라서 발생하는 폐기물 등으로 오염이 되면서 건강을 위해서 여과, 탈향, 염소처리, 오존 처리 등의 정수 처리가 필요하다.

이런 처리는 식품의 안전을 위해서 매우 효과적이고 또 꾸준히 기술이 발전하고 있지만 수돗물의 맛이 가끔 기분이 좋지 않은 경우도 있다. 이러한 이유로 병에 든 물의 소비가 증가되고 있다.

우리가 먹는 물을 정의 하면 "먹는 물"이란 먹는 데 통상 사용하는 자연 상태의 물, 자연 상태의 물을 먹기에 적합하도록 처리한 수돗물, 먹는 샘물, 먹는 해양 심천수 등을 말한다.

■ 수돗물

수돗물은 하천수를 집수하여 정수처리한 후 미생물들을 살균 처리한 안전한 물이다. 수돗물은 지하수나 샘물, 강과 호수의 물들을 집수하여 스크린으로 거르고 모래 여과를 한 다음 다시 미세 여과를 한다. 이후에 활성탄 여과를 하며 오존과 염소 처리를 해서 살균하고 저수한 후에 각 가정으로 공급한다. 수돗물은 집수정의 위치에 따라서 지역별로 조성이 다를 수 있다.

• 수돗물 처리

원수 → 저수조로 이송 → 모래로 여과 → 미생물 여과 → 2차 미생물 여과(박테리아, 바이러스) → 활성탄 여과(micro pollutants 냄새, 컬러 제거) → 염소 첨가(소비자 보호)

■ 먹는 샘물

지하 암반 대수층 안의 지하수 또는 용천수를 수질 안정성을 계속 유지하고 자연 상태의 깨끗한 물을 먹기에 적합하도록 물리적으로 처리하는 등의 방법으로 제조한 물로 먹는 샘물, 광천수, 탄산수 등이 있다.

프랑스에서는 통상적으로 식수(수도물)는 미생물 살균 처리를 하지만 먹는 샘물과 광천수(미네랄 워터)는 이런 처리가 금지되어 있다.

• 먹는 샘물

오염되지 않은 샘의 물로 인간이 마시기에 천연적으로 적당한 것이다. 다만 에어레이션, 침전물 제거와 여과 등의 허용된 처리만 한다. 자연 상태로 물속에 존재하는 철분과 불소 등의 물질이 불안정할 경우에 그 농도를 줄이는 것과 가스의 첨가는 허용된다. 먹는 샘물은 인근 지역 샘에서 생산된 것을 섞어서 만들 수 있으므로 한 제품이라도 물의 조성이 약간 변할 수 있다.

• 광천수

특별한 샘에서 생산된 물로 마셔서 건강에 좋은 효과가 있는 미네랄과 미량 원소들이 상대적으로 중요할 수 있는 양으로 함유된 샘물을 말한다. 한 샘에서만 생산되므로 물의 조성이 일정하다.

프랑스에서는 l'Academie de Médecine에 의해서 건강에 유익하다고 알려진 미네랄을 함유한 물만을 광천수(미네랄 워터)라고 부를 수 있다. 광천수는 어떤 분들은 마실 때에 조심해야 하는데 예를 들면 어린 아기의 경우 불소가 1.5ppm 이상 들어 있는 물은 사용이 추천되지 않는다.

광천수는 땅속에서 솟아나온 샘물로 미네랄을 다량 함유하고 있다. 물의 온도가 25℃ 이상이면 온천, 25℃ 이하이면 냉천이라고 하며 광천수는 보통 냉천에서 생산된다. 광천수는 녹아 있는 미네랄에 따라서 건강에 좋을 수도 있어서 이런 용도로 음용되기도 한다. 예를 들면 칼슘은 뼈를 성장하고 튼튼하게 해주고 마그네슘은 여러 가지 역활 중에서 근육과 신경의 이완에 좋다. 불소는 치아와 뼈의 성장에 좋고 탄산수는 지하 단층에 따라서 물속에 가스를 함유할 수 있다.

일반 샘물과 광천수의 종류(생수 시장이 발달한 프랑스의 예를 보면)

* 일반 샘물: Carola, Roxanee, Isabelle, Mont-Roucous, Pierval
* 활력을 주는 물: La Rosée de la Reine, Volvic, Badoit, Perrier, Ferrarelle, San Pellegrino, Apollinaris, Ramlösa, Ty Nant
* 부드러운 물: Evian, Vittel, Thonon, Watwiller, Chateldon,
* 건강 물: Contrezeville, Hépar, Saint-Yorre

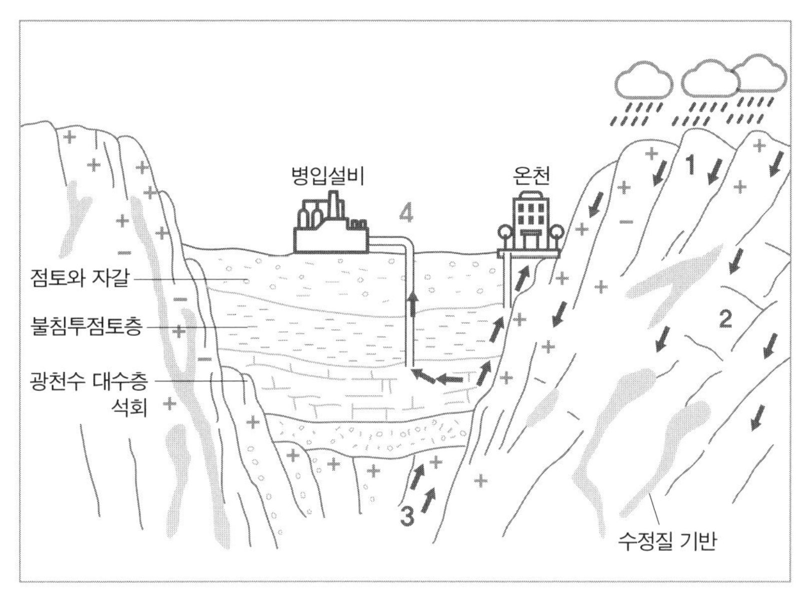

그림 6 지하 광천수의 여행

* 가스 광천수: Arvie, Badoit, Chateldon, Perrier, Salvetat, Saint-Yorre, Ferrarelle, San Pellegrino
* 가스 없는 광천수: Contrex, Evian, Hépar, Thonori, Vittel, Vplvic, Wattwiller, Verniere, Vichy-Célestins

• 광천수의 탄생

ⓐ 공급 지역

비나 눈이 산악 지역에 떨어져서 천천히 흙 속으로 스며들어 광천수의 지층으로 이동한다. 지구 과학자들의 연구에 의하면 공급 지역을 확실하게 보호해야 하는 지역이다.

ⓑ 무기질의 함유

물은 투과성 지층에서 혹은 바위의 균열이 있는 곳으로 스며든다. 지하

깊은 곳에서 순환 작용으로 물은 바위 층을 통과하면서 서서히 무기질 성분들을 함유하게 된다. 이 무기질화는 꾸준히 또 완전히 개별적이다. 이로 인해 보건성과 의약연구소에서 인정하는 건강에 좋은 성분들을 가지게 된다.

ⓒ 광천수의 상승

지하에서 수십 년간을 여행한 후에 천연 광천수는 무기물질을 함유하게 된다. 가끔 탄산가스를 흡수하여 가스를 포함하기도 한다. 물은 암반 틈새나 여러 가지 지질을 통과해서 광천수의 형태로 마침내 지면으로 올라온다.

ⓓ 광천수의 개발

광천수의 개발은 시추라는 방법으로 한다. 지면에 나타날 수 있는 공해 문제로부터 안전하게 보호해서 병입되는 광천수는 매우 좋은 품질이다. 에비앙의 경우 알프스에서 해발 850미터 높이의 곳에 비나 눈이 내리면 여 러 가지의 토질 층을 지나서 15년 이상 걸려서 광천수가 모여지는 집수정에 이르게 된다.

ⓔ 광천수의 소비

프랑스에는 10,000개의 샘물이 있고 그중에서 1,200개가 개발되어 있다. 연간 54억 리터가 소비되고 있고 1인당 연간 5리터를 소비하고 있다. 세계의 먹는 샘물 시장은 프랑스가 주도하고 있고 그 다음 독일, 이탈리아, 스페인, 벨기에, 오스트리아 등의 순이다. 소비되는 물은 가스 없는 물이 85%, 가스 있는 물은 15%를 차지한다.

ⓕ 광천수의 보관

그늘진 곳에서 보관해야 하며 건조한 곳에서 온도는 10~12℃ 선선한 곳에서 보관해야 한다.

■ 먹는 염 지하수

물 속에 녹아 있는 염분 등의 함량이 환경부령으로 정하는 기준 내의 암반 대수 층 안의 지하수로 수질 안정성을 계속 유지할 수 있는 자연 상태의 원수를 먹기에 적합하도록 물리적 처리를 해서 만든 물로 특히 바다가 가까운 곳에서 생산되며 염의 성분이 상당량 포함되어 있다.

■ 먹는 해양 심층수

해양 심층수를 먹는 데 적합하도록 물리적 처리를 해서 만든 물

3) 영양 음료

영양 음료에는 주스류와 우유류가 있다.

① 주스류

과일을 농축하여 만든 농축 주스를 수입하여 가공해서 주스를 만든다.

• 주스의 원료

주스로 만들어지고 있는 과일은 오렌지, 사과, 포도, 복숭아, 살구, 파인애플, 배, 망고, 구아바, 석류 등 거의 모든 과실을 사용한다.

• 주스의 종류

- 고 과즙 주스: 과즙 함량이 95% 이상
- 넥타: 과일을 갈아서 죽 상태로 만들고 여기에 설탕과 물을 첨가하여 마시기 좋도록 만든 것으로 과즙 함량이 50~95%이다.
- 저 과즙 주스: 과즙 함량이 10~50%
- 과립 주스: 과립이 그대로 함유된 제품등으로 구분이 되며 각 종류의 제품을 필요에 따라서 사용하면 된다.

• 주스 제조 과정

주스의 추출 – 펙틴 제거 – 청징 – 타닌 첨가 – 원심분리–여과 – 과당, 첨가물 등을 배합 – 물과 혼합 – 예열(45℃) – 탈기 – 살균(98℃, 5초) – 냉각 – 병입 – 냉각(35℃) – 포장 – 출하

• 주스의 성분

- 과즙, 야채즙: 75~90%
- 당질: 포도당, 과당
- 유기산: 구연산, 사과산, 주석산 등
- 무기질: 포타슘, 칼슘, 마그네슘, 철분, 인 등
- 비타민: C, B, B2, A,

• 주스의 소비는 오렌지 주스가 많이 소비되고 있다(프랑스의 예).

- 오렌지 주스: 44%
- 사과 주스: 18%
- 포도 주스: 12%
- 넥타: 10%
- 기타: 16%

② 우유류

우유 제품과 우유를 발효한 제품을 말한다. 업장에서 우유를 서빙하는 일이 가끔 있으므로 우유에 대해서 간략하게 알아 보도록 하겠다.

• 우유

가축의 젖으로 만드는 우유류는 원유 혹은 원유에 비타민이나 무기질을 강화하여 살균 또는 멸균 처리한 것이다. 우유에는 음용우유와 유제품이

있는데 음용 우유는 시유 혹은 시티밀크City Milk 혹은 마켓밀크Market Milk 라고 한다.

- 시유: 우유를 가열 살균하여 소비자가 위생상 안전하게 마실 수 있도록 포장 된 것
- 유제품: 우유를 가공한 제품으로 분유류(전분유, 탈지 분유, 조제 분유), 농축 연유, 아이스크림류, 크림, 버터, 치즈, 발효유, 유산균 음료 등이다.

• 우유의 가공

소에서 짠 우유를 그대로 마시는 것이 아니고 필요한 몇 가지 처리를 하여서 공급이 되는데 우유의 처리를 간략히 알아보도록 하겠다.

- 착유: 각 농장에서 젖소에서 짜낸 우유(원유)
- 집유: 원유를 탱크 롤리로 수집하여 공장으로 운반한다.
- 청정: 수집된 원유를 고속원심분리기로 고형물 등을 제거해서 우유를 맑게 한다.
- 표준화: 지방 함량을 3.2~4%로 균일하게 한다.
- 균질화: 지방을 잘게 쪼개어서 층 분리가 되지 않고 맛이 좋게 해준다.
- 살균: 저온(65℃ 전후로 30분), 고온(75℃ 전후로 15초), 초고온(135℃ 전후로 2초간)으로 살균한다.
- 냉각: 다시 10℃로 냉각한다.
- 포장: 병이나 팩에 담고 포장한다.

• 시유의 품질 기준(한국산업규격)

항목	살균 시유
비중(15℃)	1.028~1.034
적정 산도(%)	0.16 이하
무지유 고형분(%)	8.2 이상
유지방분	3.2 이상
세균 수(ml당)	3만 이하
대장균군(ml당)	음성

10 시가(Cigar)

최근 흡연에 대한 각종 규제와 사회적인 금연 운동 등으로 과거보다는 담배를 적게 피우는 것이 사회적인 추세이나 옛날부터 와인을 마시는 중에 혹은 마신 후에는 시가를 피우는 습관을 가진 사람이 상당수 있다.

이런 사람들은 니코틴 중독이라기보다 와인과 시가의 분위기를 즐기는 사람들이다. 특히 시가를 피울 때는 연기를 마시지 않고 바로 뱉기 때문에 비흡연자 중에 시가를 즐기는 사람이 있다. 따라서 사회적으로는 금연을 많이 하는 추세이나 소믈리에들은 시가에 관한 일반적인 상식은 알아두는 것이 필요할 것으로 생각된다.

1) 시가의 역사

콜럼버스가 아메리카 대륙을 발견하던 때에 쿠바 원주민이던 인디언들이 원추형의 담배를 피우고 있었는데 이 담배가 유럽을 거쳐서 아시아 등지로 확산되었다. 1731년 현재와 같은 형태의 시가가 스페인에서 처음으로 만들어졌다. 쿠바가 담배의 원산지이나 스페인과 포르투갈의 주도로 도미니카, 브라질, 온두라스, 멕시코, 미국, 스페인, 프랑스, 이탈리아, 발칸반도, 미얀마, 필리핀, 인도네시아 등의 나라로 전파되어 재배되고 있다.

2) 시가의 제조 공정

① 담배 잎의 수확

담배는 봄에 모종을 심어 가을에 담배 잎을 한 장씩 수확한다.

② 담배 잎의 발효

통풍이 잘 되는 건조창고에서 수확한 담배 잎을 두 장씩 묶어서 습도를 적당하게 맞추어 용도에 따라 20일에서 3개월간 숙성시킨다. 건조와 1차 발효는 20~60일 동안 지속된다. 전충엽은 단으로 묶어서, 상권엽은 나무통에 넣어서 2차 발효를 한다. 2차 발효가 끝나면 시가 공장으로 보낸다. 공장에서는 시가의 종류에 따라서 1년 이상, 고급 시가는 10년간 발효하기도 한다.

③ 담배 잎의 배합

시가 품질의 균일화를 위하여 여러 산지의 담배 잎을 섞는다.

④ 시가의 말기

시가는 머리와 몸통, 끝의 세부분으로 이루어져 있으며 머리 부분은 대부분 둥근모양이고 끝부분은 열려 있다. 시가는 상권엽, 중권엽, 전충엽의 세가지 잎으로 만들어지며 숙성된 담배 잎을 말아서 제품화하는 과정으로 여러 단계를 거쳐서 만들어진다.

- 전충엽 담뱃잎 3장을 원추형으로 만든다.
- 중권엽 2장을 펴놓고 그 위에 전충엽을 놓고 만다.
- 수확한 담뱃잎 중에서 좋은 잎을 상권엽으로 선정하고 이를 적당한 크

기로 잘라서 말아놓은 중권엽의 바깥 부분을 깨끗하게 말아준다.

- 시가를 판자 위에 굴려 표면이 윤이 나도록 한다.
- 상권엽, 중권엽, 전충엽이 잘 결합되도록 눌러주면서 전충엽을 잡아늘인다.
- 마지막으로 끝 부분을 자른다.

3) 시가의 보관

시가는 사용할 때까지 보관을 잘 해야 품질이 유지된다. 보관온도는 15~20℃, 습도는 60~70%의 어두운 곳에서 보관해야 한다. 일반적으로 시가회사에서 공급하는 습도를 조절할 수 있는 시가 셀러를 사용한다.

4) 시가의 사용

입으로 시가를 빠는 부분을 칼로 잘라야 하는데 시가 나이프나 시가 커터 등을 사용한다. 시가에 불을 붙일 때는 유황 냄새가 나지 않도록 성냥을 사용하지 않고, 또 기름 냄새가 나지 않도록 휘발유 라이터를 사용하지 않는 것이 좋다. 연기를 빨아들일 때는 삼키지 말고 뱉도록 한다. 삼키지 않으므로 일반 담배보다 몸에 덜 해롭다는 세론이다.

5) 시가의 종류

세계 최고급의 시가는 쿠바에서 생산된 부엘타 아바호이다. 이외에 세계적으로 유명한 브랜드는 다음과 같다.

La Escepcion, Macanudo, Fonsecá, Hoyo de Monterrey, Alec Bradley, La Aroma de Cuba, La Gloria Cubana, A.J. Fernandez, Cuesta Rey, Diplomaticos, 1881, Diamond Crown, Ambrosia, Dunhill

Records, Mayan Sicars, Gran Habano, King of Denmark, Gurkha Black Dragon, Davidoff 등이다.

참고 문헌

1. Le goût du vin — Emile Peynaud et Jacques Blouin
2. L'école de la degustation — Pierre Casamayor
3. L' école des alliances Les vins et les mets - Pierre Casamayor
4. L'Art de la Dégustation — Jean-Michel Mounnier, Patrick Joly
5. The Champagne Companion - Michael Edard
6. The Cognac Companion - Conal R. Gregory
7. Dictionaire des Vins de France - Hachette
8. DES SCIENCES DE LA VIGNE DU VIN, LA DÉEGUSTATION
9. Encyclopedie des Fromages
10. Le Nez du Vin — Jean Lenoir
11. Harmonisez Vins et Mets - Jacques Orhon
12. LAROUSSE gastronomique — Larousse
13. Arômes du vin — Michae"l Moisseeff, Pierre Casamayor
14. LE VIN ET LES VINS AU RESTAURANT — Paul Brunet
15. Savoirs et techniques de Restaurant YOME 1 - Christian Ferret

16 TABLE WINES — M.A.AMERINE, M. A. JOSLYN

17. TECHNOLOGY OF WINE MAKING — M. A. Amerine, H. W. Berg, R. E. Kunkee, C. S. Ough, V. L. Singleton, A. D. Webb
18. Wines Their Sensory Evaluation — Maynard A. Amerine, Edward B. Roessler
19. L'EAU LES EAUX- Carrefour
20. evian Youtube
21. 소믈리에. 와인 어드바이저. 와인 엑스퍼터 교본 - Japan Sommelier Association
22. 《식품화학》, 김형수
23. 《인간의 모든 감각》, 최현석
24. 구난숙, 감향숙, 이경애, 김미정,《식품관능검사》
25. 《새국어사전》, 동아출판사(1996)
26. 커피 이야기, Coffee & Coffee - 동서 식품
27. 커피 - 창해
28. 김준철, 와인 인사이클로피디아 - 세종서적
29. 김준철, 와인 시음학 - 세종서적

와인과 소믈리에

1판 1쇄 발행 | 2020년 3월 20일

지은이 | 김준철
주　간 | 정제승
교　정 | 홍영숙
디자인 | 디노디자인
펴낸이 | 배규호
펴낸곳 | 책미래

출판등록 | 제2010-000289호
주　소 | 서울시 마포구 공덕동 463 현대하이엘 1728호
전　화 | 02-3471-8080
팩　스 | 02-6008-1965
이메일 | liveblue@hanmail.net

ISBN 979-11-85134-57-4 13590

이 도서의 국립중앙도서관 출판예정도서목록(CIP)은 서지정보유통지원시스템 홈페이지(http://seoji.nl.go.kr)와 국가자료종합목록시스템(http://www.nl.go.kr/kolisnet)에서 이용하실 수 있습니다.
(CIP제어번호 : CIP2020009598)